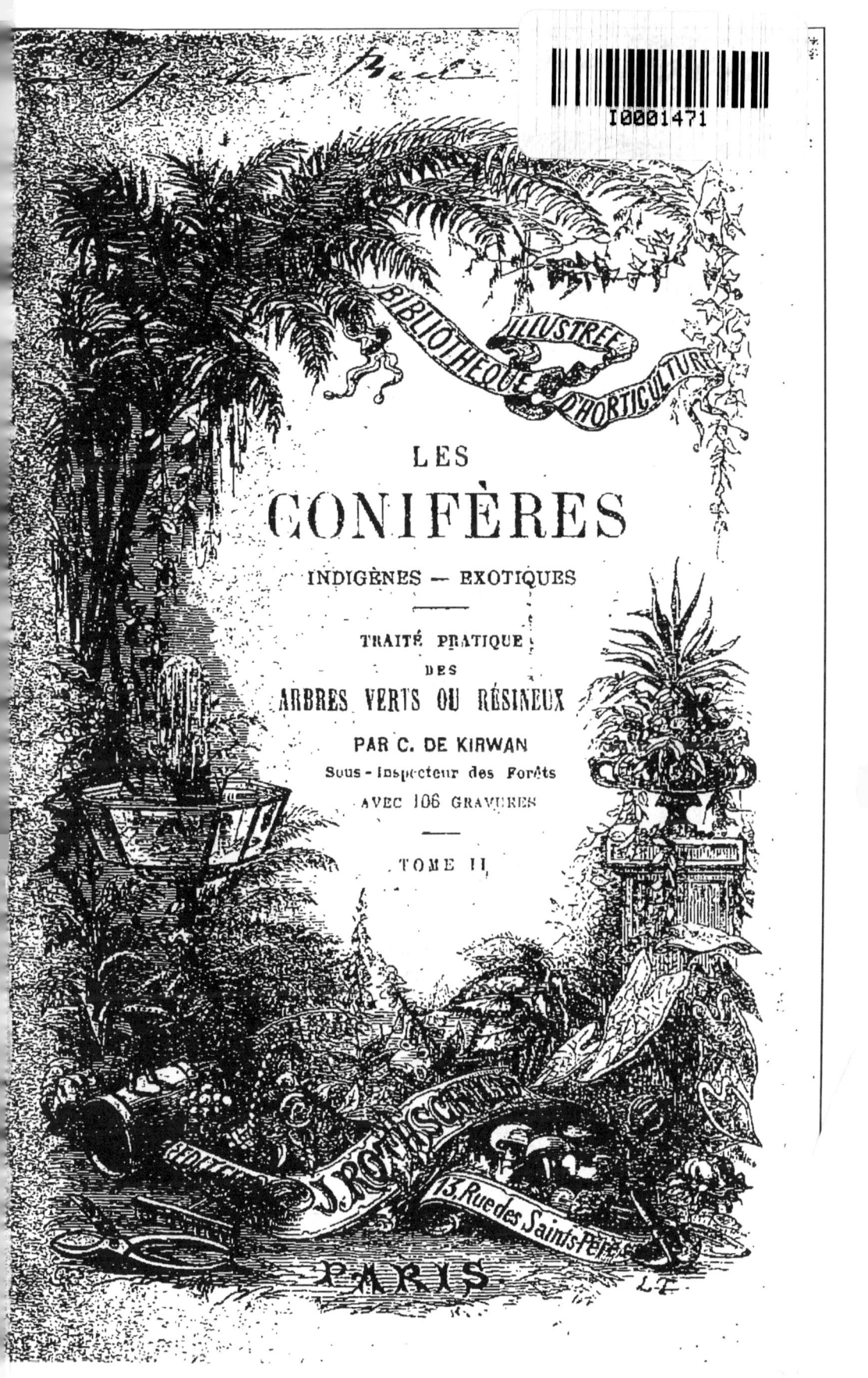

BIBLIOTHÈQUE ILLUSTRÉE D'HORTICULTURE

LES
CONIFÈRES

INDIGÈNES — EXOTIQUES

TRAITÉ PRATIQUE

DES

ARBRES VERTS OU RÉSINEUX

PAR C. DE KIRWAN

Sous-Inspecteur des Forêts

AVEC 106 GRAVURES

TOME II

J. ROTHSCHILD

13, Rue des Saints-Pères

PARIS

J. ROTHSCHILD, Éditeur, 13, Rue des Saints-Pères, Paris.

SYLVICULTURE

Guide du Forestier. — Culture et surveillance des forêts, par A. Bou-QUET DE LA GRYE (*Conservateur des forêts*). — 2 volumes in-18 reliés, avec 70 gravures. 5 fr.

L'Art de Planter et d'élever en pépinière les arbres forestiers, frui-tiers et d'agrément. 2ᵉ édition, revue par L. GOUËT (*Directeur de l'établissement d'arboriculture des Barres*). — In-18 relié, avec 19 gravures. . . . . 2 fr. 50

L'Aménagement des Forêts. — Exploitation des forêts en taillis et en futaie, par A. PUTON (*Inspecteur des forêts*). 2ᵉ édition, avec gravures, in-18 relié. . . . . 2 fr. 50

Études sur l'Aménagement des forêts, par L. TASSY (*Conservateur des forêts*. — 2ᵉ édition. In-8º . . . . 6 fr.

Mise en valeur des Sols pauvres par les essences résineuses, par A. FILLON (*Sous-inspecteur des forêts*). — In-18. . . . . . 3 fr.

Les Bois indigènes et étrangers. — Physiologie, culture, produc-tions, qualités, industrie, commerce, par A. DUPONT (*Ingénieur des constructions navales*) et A. BOUQUET DE LA GRYE (*Conserva-teur des forêts*). — In-8º, avec 162 gravures. . . . . 12 fr.

Les Bois employés dans l'Industrie. — Cent sections des principales essences de France et d'Algérie, avec leurs caractères distinctifs et leur description, par H. NOERDLINGER (*Ancien élève-libre de l'École forestière de Nancy*). . . . . 30 fr.

Manuel de Cubage et d'estimation des Bois, par A. GOURSAUD, (*Inspecteur des forêts*). — In-18, relié. . . . . 1 fr 50

Flore forestière illustrée du centre de l'Europe, par C. DE KIRWAN, (*Sous-inspecteur des forêts*). — In-folio orné de chromolithogra-phies représentant 350 figures . . . . 60 fr.

Les Conifères indigènes et exotiques, par C. DE KIRWAN (*Sous-inspecteur des forêts*). — 2 vol. in-18 rel., avec 106 grav.. 5 fr.

Herbier forestier de la France par E. DE GAYFFIER (*Inspecteur des forêts*), — 2 vol. in-fol. avec 200 phototypographies, rel. 500 fr.

Arboretum et fleuriste de la ville de Paris. — Description, culture, usages de tous les arbres, arbrissoaux, plantes, employés dans les parcs et jardins, par A. ALPHAND (*Directeur des travaux de Paris*). — In-folio. 50 fr.

Le Monde des Bois. — Faune et flore forestières, par F. HOEFER. — In-8º avec 300 vignettes, 15 fr. — Édition avec 27 gravures sur acier. . . . . 25 fr.

L'Elagage des Arbres forestiers et d'alignement, par le comte A. DES CARS (*Membre de la Société centrale d'Agriculture*). — In-18 avec 72 gravures, relié. . . . . 1 fr.

Codes de la législation forestière, par CH. JACQUOT (*Inspecteur des forêts*). — In-18, relié . . . . 1 fr. 50

Réorganisation du Service forestier et réforme de la loi sur les pen-sions civiles, par ALOYS WISST. — In-8º. . . . . 3 fr. 50

J. ROTHSCHILD, Éditeur, 43, Rue des Saints-Pères, Paris.

Les Oiseaux utiles et nuisibles aux forêts, champs, jardins, vignes, etc., par H. DE LA BLANCHÈRE (*Ancien élève de l'école forestière*). — 2e édition, avec 150 vignettes. In-18, relié. . . . . . . 3 fr. 50

Les Ravageurs des Forêts et des Arbres d'Alignement. — Description, mœurs, ravages des insectes destructeurs des bois, moyens pratiques de les combattre. — 5e édition, par DE LA BLANCHÈRE et le Dr Eug. ROBERT. — In-18, relié, avec 162 gravures. Prix. . . . . 3 fr. 50

CHASSE — SPORT

Ornithologie du Chasseur, par le docteur CHENU. — In-8º orné de 50 chromotypographies. . . . . 20 fr.

Les Animaux des forêts, par R. CABARRUS (*Sous-inspecteur des forêts*). — In-18 avec 84 gravures, relié. . . . . 2 fr. 50

Le Rêve du Chasseur. — Gibier des bois, plaines, côtes, montagnes, par B.-H. RÉVOIL. — In-folio, 20 planches en deux teintes, avec texte. . . . . 50 fr.

Le Guide du Chasseur devant la loi. — Code du Chasseur par F. TÉCHENEY. — In-18, relié. . . . . 2 fr. 50

Nouveau Carnet de chasse illustré, avec Guide pour les jeunes chasseurs au chien d'arrêt, par M. CHATIN. — 2e édition, in-18, relié . . . . 1 fr.

Le Cheval et son Cavalier. — Hippologie et équitation, par le comte DE LAGONDIE (*Ancien colonel d'état-major*). — 2 vol. in-18, ornés de vignettes, reliés. . . . . 7 fr. 50

Le Chien.—Races, croisements, élevage, dressage, éducation, maladies et traitement, d'après les ouvrages les plus récents de Stonehenge, Idstone, Hamilton Smith, Bouley. — In-18 relié, avec 100 gravures hors texte. — Prix. . . . . 3 fr. 50

Les Oiseaux Gibier. — Histoire naturelle, Chasse, Mœurs et Acclimatation, par H. DE LA BLANCHÈRE. Ouvrage de luxe, in-folio, avec 45 Chromotypographies et nombreuses vignettes dans le texte. Prix : 50 fr. — En reliure de luxe. . . . . 60 fr.

HORTICULTURE — BOTANIQUE

Les Promenades de Paris. — Histoire et description des bois de Boulogne et de Vincennes, Champs-Élysées, parcs, squares, boulevards de Paris, par A. ALPHAND (*Directeur des travaux de Paris*). 2 vol. in-folio, illustrés de 80 gravures sur acier, 23 chromolithographies et 487 gravures sur bois. Prix : 500 fr.; sur papier de Hollande. 1,000 fr.

J. ROTHSCHILD, Éditeur, 13, Rue des Saints-Pères, Paris.

LES

CONIFÈRES

INDIGÈNES ET EXOTIQUES

WELLINGTONIA.

LES
CONIFÈRES
INDIGÈNES ET EXOTIQUES

TRAITÉ PRATIQUE

DES

ARBRES VERTS OU RÉSINEUX

A l'usage des Propriétaires, Agents forestiers, Régisseurs, Horticulteurs,
Administrateurs des Forêts, Marchands de Bois, etc.

Culture utilitaire et ornementale
Classification. — Description — Station — Usages,
Repeuplement des forêts — Embellissement
des jardins, parcs, squares, etc.

PAR C. DE KIRWAN
Sous-Inspecteur des forêts
Dédié à M. le Comte de Montalembert
OUVRAGE ORNÉ DE 106 GRAVURES SUR BOIS
INTRODUCTION PAR M. LE VICOMTE DE COURVAL

Tome II

PARIS
J. ROTHSCHILD, ÉDITEUR
LIBRAIRE DE LA SOCIÉTÉ BOTANIQUE DE FRANCE
43, Rue Saint-André-des-Arts, 43
1868

LES

CONIFÈRES

INDIGÈNES ET EXOTIQUES.

CHAPITRE PREMIER.

ORDRE II.

Araucariées-Cunninghamiées.

OBSERVATIONS GÉNÉRALES.

1er genre : **Araucaria**. Origine de ce nom; caractères distinctifs du genre. — Tribu *Colymbea* : Araucarias du *Chili*, du *Brésil* et de *Bidwell*. — Tribu *Eutacta* : Araucarias *Géant* ou de *Norfolk*, *Colonne* ou de *Cook*, de *Cunningham*.

2e genre : **Dammara**. Caractères distinctifs du genre. Dammaras d'*Orient* et d'*Australie*.

3e genre : **Cunninghamia** ou *Raxopitis*; caractères du genre. — Espèce unique : Cunninghamia *de la Chine*.

4e genre : **Skiadopitys**. Origine du nom; caractères du genre. — Espèce unique : Skiadopitys *Verticillé*.

5e genre : **Arthrotaxis**. Origine du nom; caractères du genre. — Arthrotaxis *Sélagine*, *Cyprès à feuilles lâches*.

6e genre : **Séquoïa** ou **Gigantabies**. Caractères distinctifs du genre. — Séquoïa ou Gigantabies *à feuilles d'if*, Séquoïa *Gigantesque*, Washingtonia ou Gigantabies *à feuilles de Cyprès*.

OBSERVATIONS GÉNÉRALES.

Nous n'ignorons pas que la réunion que nous avons faite en un ordre spécial des divers genres compris sous les dénominations d'Araucariées et de Cunninghamiées, a quelque chose d'assez arbitraire, et qu'elle peut aisément prêter à la critique. Mais de si profondes divergences existent entre les savants sur la classification des genres que ces deux termes résument, qu'une certaine liberté en découle pour ceux qui appartiennent comme nous au *profanum vulgus* ; d'autre part, des abiétinées aux cupressinées, la transition, par les Araucariées commençant au *sapin d'Araucos* et les Cunninghamiées finissant au séquoïa *Cupressifolia*, semble assez naturelle et assez bien graduée. Cette observation faite, nous avouerons qu'il n'est pas possible d'établir *pratiquement*, en faveur de notre Ordre II\e, des caractères bien généraux et bien tranchés. Quand nous aurons dit que les fleurs des arbres qui le composent sont toujours monoïques (1) ou dioïques (2), jamais polygames (3) ; que ceux de ces arbres qui

(1) *Monoïque* signifie que les fleurs mâles et les fleurs femelles sont réunies sur la même plante.

(2) *Dioïque* signifie que les fleurs des deux sexes sont séparées sur des plantes différentes, ce qui constitue des pieds entièrement mâles et des pieds entièrement femelles.

(3) Enfin *Polygame* signifie en botanique que les deux sexes

sont monoïques se rapprochent du dioïcisme des autres en ce sens que les fleurs des deux sexes, réunies sur le même individu, sont cependant séparées sur des rameaux distincts ; quand nous aurons ajouté que les anthères (1) des fleurs mâles de nos arbres sont toujours composées de deux ou plusieurs loges et qu'elles ne sont jamais *mono-thèques* (2), nous n'aurons pas appris aux bienveillants lecteurs à qui cet humble traité s'adresse, des choses de nature à exciter grandement leur intérêt.

Les dimensions des arbres dont nous allons parler sont très-variables : prodigieuses chez les séquoïas, moindres mais énormes encore dans les Dammaras et les Araucarias, elles se réduisent, dans les genres Cunninghamia et Arthrotaxis, aux simples proportions des arbres de troisième grandeur et des arbrisseaux. Les feuilles sont persistantes dans tous les genres, mais elles offrent, souvent d'une espèce à l'autre, des différences extrêmes; cette variété se retrouve dans le port et la disposition des branches comme dans l'aspect général des arbres.

sont réunis non-seulement sur la même plante, mais fréquemment encore sur la même fleur.

(1) Les *Anthères* d'une fleur sont les petites cavités qui contiennent le *pollen*, ou poussière fécondante.

(2) *Monothèque* de μονος (monos) seul, et de θηκα (thèca) loge.

PREMIER GENRE. — ARAUCARIA.

Les Araucarias avaient été d'abord appelés *Arau-caires* (1), et nous ne voyons pas pourquoi cette tra-duction toute naturelle et toute française du terme à désinence latine, *Araucaria*, n'a pas prévalu parmi nous ; ce dernier, il est vrai, possède davantage ce parfum exotique et ce cachet de singularité qui sied, paraît-il, au langage de la science ; mais l'autre était plus conforme au génie de la langue française, et cette considération devait, à notre sens, balan-cer la première. Quoi qu'il en soit, le genre Arauca-ria, — puisque Araucaria il a nom, — tire son appel-lation du pays où la première de ses espèces actuellement connues a été découverte ; ce pays est l'*Araucanie*, capitale Araucos, petite contrée si-tuée dans la partie la plus méridionale du Chili, sous le 37ᵉ degré de latitude australe, et à laquelle l'honorable corporation des avoués de Périgueux a failli donner une dynastie souveraine. Il n'est per-sonne qui n'ait connu, au moins par ouï-dire, les aventures et les dramatiques infortunes de Sa Ma-jesté périgourdine Faustin-Orélie Iᵉʳ, roi des Arau-caniens, aujourd'hui bien oublié ; car, trop faible

(1) Bosc et Baudrillart. *Dictionnaire de la culture des arbres.* 1821.

pour tenir tête à de puissants voisins, il a échoué dans
son entreprise. S'il eût réussi, il aurait une cour et
des adulateurs ; la fortune ne lui a pas été favorable,
on ne pense même plus à lui. Ainsi va le monde.

> Donec eris felix, multos numerabis amicos ;
> Tempora si fuerint nubila, solus eris !...

Les Araucarias sont dioïques (fig. 2) ; jamais un
sujet chargé de chatons mâles ne porte de cônes femelles et réciproquement. Les écailles des strobiles,
particularité que nous n'avions pas encore rencontrée, sont *monospermes*, c'est-
à-dire qu'elles ne portent
qu'une graîne ; celle ci est
adnée ou adhérente à l'é-
caille. On distingue, dans les
Araucarias, deux modes de
germination différents. Dans
certaines espèces, la racine
part du sommet de la graine
couchée horizontalement sur
le sol et s'enfonce plus ou
moins obliquement, tandis
que la petite tigelle s'élève à
quelques millimètres de la
naissance de la racine et perpendiculairement à l'axe de

Fig. 2. Chaton-mâle de
l'Araucaria du Chili.

la graine, les feuilles séminales restant sous terre. On a fait des Araucarias, qui prennent ainsi naissance un groupe appelé *Colymbea* (fig. 3). Dans les autres espèces, la germination se produit d'une manière analogue à celle des abiétinées; la tigelle et la radicule se développent sur le même axe vertical, et les feuilles séminales s'épanouissent tout autour de la base du gemmule levé au-dessus du sol. Les Araucarias qui sortent de terre en ces conditions s'appellent *Eutactas* (fig. 4). Des savants vous diraient, lecteurs, en moins de mots, que le groupe *Colymbea* est celui où les cotylédons sont à *germination hypogée* (1), et le groupe *Eutacta* celui où ces organes sont à *germination épigée* (2), mais vous n'y comprendriez rien, ni moi non plus.

Fig. 3. Colymbea.

Fig. 4. Eutacta.

_____

(1) *Hypogée*, de ὑπο (hypo) sous, γη (guè) terre.

(2) *Epigée*, de Επι (épi) sur, γη terre.

PREMIER GROUPE, DIT COLYMBEA.

I. ARAUCARIA DU CHILI OU A FEUILLES IMBRIQUÉES. (Araucaria Chilensis vel imbricata). — 1795-1796.

Colymbée Quadrifariée , Sapin d'Araucos, Sapin Columbar, Dombeye du Chili, Araucaria Dombeye, Pin du Chili.

Découvert vers la fin du siècle dernier dans les forêts araucaniennes, non loin de la ville ou bourgade d'Araucos, au sud du Chili, le soi-disant *Sapin Columbar* (Abies Columbaria) a pris son nom usuel, *Araucaria,* de son pays d'origine et l'a en outre donné à tout le genre auquel il appartient. Par allusion à la disposition de ses feuilles, on l'a appelé *imbriqué* pour lui donner un nom spécifique qui le distinguât de ses congénères depuis qu'on a constaté leur existence sur d'autres points de l'Amérique méridionale et en Océanie.

L'*Araucaria du Chili* se rencontre principalement sur les versants occidentaux des montagnes de Caramavide et Naguelbute qui appartiennent à la chaîne des Andes, et aux environs de Conception. Le Corcovado, montagne opposée à celle de Chiloë, porte çà et là, au-dessous de la ligne des neiges, des massifs assez vastes de cette essence remarquable. Ces stations sont comprises entre

35 et 50 degrés de latitude australe, c'est-à-dire entre Valparaiso et l'île Wellington de l'archipel Magellan, ce qui correspondrait pour notre hémisphère à une zone dont les bords passeraient par Gibraltar et Bruxelles.

Nous ne dirons pas de ce conifère, comme les catalogues des pépiniéristes, qu'il est *d'un élégant et magnifique aspect*, car à cet égard les avis, dans le bon public, sont assez partagés ; or :

Des goûts et des couleurs il ne faut disputer.

Mais ce qui n'est pas contestable, c'est que le port, l'aspect, les dehors (un botaniste dirait le *facies*) de l'Araucaria imbriqué ont quelque chose de très-original , surtout pendant la jeunesse de l'arbre.

Les feuilles, raides, larges de 20 à 25 millimètres et longues de près du double, se renflent un peu au-dessus de la base et se terminent assez brusquement en une pointe acérée ; elles s'imbriquent étroitement tout autour de la tige, des branches et des rameaux. Le tronc s'élève suivant une direction parfaitement verticale et donne naissance, chaque année, à la base du bourgeon terminal, à un verticille de branches qui s'étalent d'abord horizontalement pour redresser ensuite leur extrémité supérieure en arc de cercle ; elles-

Fig. 5. Araucaria du Chili.

mêmes produisent quelques rameaux grêles, opposés ou épars et d'ailleurs peu nombreux, le tout d'un vert vif et luisant. Cette disposition des branches, le peu de développement des feuilles et des rameaux qui ne s'éloignent point de la tige ou de la branche qui les produit, la parfaite rectitude du tronc, et jusqu'à la couleur verte, uniforme sauf à l'extrémité des jeunes bourgeons, que revêt la plante du haut de la cime jusqu'au pied, donnent au jeune Araucaria du Chili un faux air de candélabre en bronze à plusieurs rangs de bras superposés (fig. 5). A mesure que l'arbre prend du développement, les branches s'inclinent davantage vers le sol par l'effet de leur poids, mais relèvent longtemps encore leurs sommets, jusqu'à ce qu'à la longue les plus inférieures finissent par tomber ainsi que les feuilles recouvrant la partie la plus âgée de la tige, tandis que les plus élevées se chargent d'un plus grand nombre de rameaux qui donnent à la cime un aspect relativement touffu. Cependant un arbre de cette conformation ne peut jamais fournir un couvert bien prononcé; et sous ce rapport, — la question d'ornementation et de pittoresque d'ailleurs mise à part, — sa vulgarisation pourrait avoir de grands avantages dans les opérations de reboisement, sur les points où l'on cherche à créer des massifs dont l'ombrage soit assez léger pour permettre en même temps le gazonnement du sol. Mieux encore probablement que le mélèze, l'Araucaria imbriqué remplirait cette condition.

Gordon, dans son « supplement to the Pinetum, » dit que cet arbre a été introduit en Angleterre par Menzies en 1795, et offert à sir Joseph Banks, qui planta l'un de ces premiers brins à sa résidence de Spring Grove, près Hounslow, et envoya les autres au jardin royal à Kew. Il ajoute qu'en raison de cette circonstance l'Araucaria du Chili fut appelé, dans les premiers temps *Pin de sir Joseph Banks*. Quoi qu'il en soit, c'est seulement depuis une vingtaine d'années que cet arbre est observé dans nos cultures, et aujourd'hui il est assez répandu dans les parcs et les jardins. Les squares de Paris, les pelouses de Vincennes et du bois de Boulogne en offrent de nombreux spécimens, et le Jardin d'acclimatation le cultive en massifs. Il s'est montré jusqu'ici d'une végétation lente mais rustique; l'excès de chaleur, plus encore que l'excès du froid semble cependant lui nuire, ce qui indiquerait qu'une situation fraîche en été et un peu abritée en hiver lui serait préférable entre toutes. Comme terrain, un sol légèrement siliceux, frais sans excès d'humidité et point trop compacte, paraît être

ce qui lui convient davantage : c'est ce qu'on a pu
observer dans les environs de Paris et sur plusieurs points de la France, où une humidité trop
grande lui a toujours été funeste. Mais par une de
ces bizarreries ou plutôt de ces lois inconnues et
mystérieuses dont la nature physique offre tant
d'exemples, il est des parties de la Bretagne, d'a-
près ce que nous apprend M. Carrière (1), où l'A-
raucaria réussit parfaitement dans des terres
fortes, compactes, où l'humidité est quelquefois si
grande que l'eau est constamment pour ainsi dire
en contact avec les racines. A Paris, des Araucarias placés dans de telles conditions deviendraient
languissants, verraient leurs feuilles jaunir et ne
tarderaient pas à succomber ; en Bretagne ils
poussent vigoureusement, et toutes leurs parties
sont d'un vert noir qui annonce la vigueur et la
santé.

L'Araucaria imbriqué est un arbre de première
grandeur et peut parvenir jusqu'à une hauteur de
50 mètres. Son bois, d'un blanc jaunâtre, est dur,
fibreux, élégamment veiné, se travaille aisément,
prend un beau poli et a beaucoup de durée ; il est
seulement un peu lourd. Il contient une résine

(1) *Revue horticole*, septembre 1864.

blanchâtre, d'une odeur agréable, offrant quelque
analogie avec celle de l'encens. Mais son produit le
plus important c'est sa graine qui, volumineuse et
comestible, constitue une ressource alimentaire
importante pour les habitants des contrées dont
notre Araucaria peuple les forêts ; elle y joue le
même rôle que chez nous la chataigne, dont le
goût n'est pas sans analogie avec elle.

Les cônes sont à peu près sphériques et de dimensions considérables n'atteignant pas moins de
15 à 20 centimètres de diamètre ; ils sont solitai-
rement érigés à l'extrémité des branches les plus élevées (fig. 6). Leur couleur est d'un brun foncé, et
leurs écailles, régulièrement et étroitement imbriquées, deviennent caduques à la maturité et tombent
alors par morceaux ; elles sont foliiformes ou plutôt
bracteiformes et se terminent en une pointe longue,
plate et mince dont l'extrémité se recourbe souvent au dehors, tandis que la base de l'écaille est
comme soudée à la face extérieure de la graine.
Celle-ci compte quatre arrêtes assez accusées, surtout du côté qui regarde l'intérieur du cône, beaucoup moins sur la surface opposée ; la partie supérieure se resserre brusquement pour se terminer
par une pointe allongée et aplatie mais légèrement renflée à sa base ; et le profil de tout cet

ensemble rappelle un peu celui de certains flacons

Fig. 6.

Rameau et jeune cône d'Araucaria du Chili.

à liqueur. La longueur totale, prolongement compris, est de 50 à 60 millimètres, la plus grande lar-

geur de 18 à 20 (fig. 7). Le nombre de ces graines est de deux à trois cents dans un cône; leur maturité a lieu, au Chili, vers la fin de mars; mais il ne faut pas perdre de vue que dans l'hémisphère austral les saisons ont lieu à l'inverse des nôtres, que notre solstice d'hiver est pour les habitants de cette moitié du globe le ·solstice d'été et que par conséquent le mois de mars y correspond à notre mois de septembre.

Fig. 7.

Graine avec écaille et bractée d'Araucaria du Chili. (Grandeur naturelle).

La fructification de l'Araucaria imbriqué est, dit-on, assez précoce, et l'on aurait déjà pu en récolter des graines mûres sur des sujets cultivés en France et en Angleterre.

L'Araucaria du Chili est encore d'une culture

trop rare et trop récente pour qu'on puisse déjà donner des règles particulières pour sa multiplication par semis ou par plantations. Nous nous bornerons à reproduire, pour clore cette notice, l'observation suivante tirée du *Catalogue raisonné* de M. Ch. Van Geert, horticulteur à Anvers :

« Nous conseillons d'élever en monticule le terrain qui devra recevoir des exemplaires de cet arbre remarquable, parce que nous avons la conviction que plus le terrain sera dépourvu d'eau stagnante, mieux son bois s'accroîtera et mieux il résistera aux grands froids. »

II. ARAUCARIA DU BRÉSIL. (Araucaria Brasiliensis). — 1816.

Pin Dioïque, Colymbée Angustifoliée, Araucaria de Ridolfi.

L'*Araucaria Brasiliensis* habite le Brésil, comme son nom l'indique ; il y a sa station dans les montagnes entre les 15e et 25e degrés de latitude australe, sous le tropique du capricorne, et y constitue de vastes forêts. Il se distingue du type chilien par des feuilles plus étroites à la base, plus allongées, moins aiguës, moins raides et moins piquantes de la pointe ; ses rameaux sont plus minces, plus allongés et plus pendants. Par suite, l'aspect général de l'arbre n'a pas, d'une manière aussi prononcée, le cachet d'excessive originalité qui distingue son voisin d'Araucanie ; mais il est peut-être plus gracieux, du moins pendant la jeunesse (1).

L'Araucaria du Brésil parvient aux mêmes dimensions que le chilensis ; sa croissance est plus rapide et plus vigoureuse ; mais il est beaucoup plus sensible au froid. On a cependant pu le cultiver en pleine terre sous le climat de Paris, au jardin des plantes, notamment, mais il n'y est pas d'une belle venue et ne s'y comporte point comme un arbre d'avenir. Il faut donc le réserver à des régions plus méridionales, comme la Provence ou l'Afrique.

Les branches inférieures tombent de bonne heure, l'écorce devient brune et lisse et prend une consistance qui offre une grande analogie avec celle de l'écorce du cerisier.

La résine est rougeâtre, aromatique, et sert aux mêmes usages que la térébenthine.

Les graines sont comestibles et un peu plus petites que celles du soi-disant *sapin* d'Araucos ;

---

(1) A l'âge adulte il se dégarnit de toutes ses branches inférieures et ne conserve que les plus hauts verticilles de la cime, ce qui peut lui donner un beau coup d'œil dans un massif forestier, mais enlève à l'arbre pris isolément tout mérite décoratif dans un square ou un jardin.

elles ont, comme elles, un testa roussâtre, lisse, luisant. Pour les semer on les dépose en terre à une profondeur de 4 à 5 centimètres. Elles lèvent dans un intervalle qui varie de six semaines à trois mois (1).

III. ARAUCARIA DE BIDWELL. (Araucaria Bidwilli). — 1849.

L'Araucaria de Bidwell, qui habite les monts Brisbanes et les environs de Moreton-Bay, en Australie, diffère de son congénère du Chili par la disposition de ses feuilles, longues de quatre à cinq centimètres sur les jeunes sujets et atteignant à peine 25 milli-

---

(1) Ayant remarqué, dit M. le major Taunay, que l'Araucaria du Brésil s'est si bien acclimaté en France qu'il y passe les hivers en pleine terre, j'ai pensé qu'il serait avantageux d'y multiplier un arbre aussi pittoresque qu'utile, par la qualité de son bois et de ses fruits. Les graines se déposent en terre à une profondeur de 4 à 5 centimètres. Comme la saison froide approche, je pense qu'il y aurait avantage à semer en pots et à conserver pendant tout l'hiver en serre tempérée. (Extrait d'une lettre du 5 septembre 1857, et publiée par le *Bullet. soc. acclim.* d'octobre, même année, t. IV, p, 502.)

Il est vraisemblable que les succès d'acclimatation de l'*Araucaria Brasiliensis*, auquel l'auteur de cette lettre fait allusion, ont été constatés dans nos départements méridionaux.

mètres sur les sujets plus âgés ; sur ces derniers elles sont alternes ou par deux rangs suivant que de vieilles branches ou de jeunes rameaux les portent ; elles sont toujours disposées par deux rangs sur les jeunes brins.

L'arbre, dans son ensemble, se rapproche plus de l'Araucaria du Brésil que de celui du Chili ; mais il ne se dégarnit pas de ses branches comme le premier. Il atteint communément 100 à 150 pieds, et sa cime déprimée que supporte une tige lisse et grisâtre, domine celle des autres arbres des forêts. La graine est comestible et très-recherchée des indigènes. Le bois est d'un grain fin et serré et paraît avoir beaucoup de durée.

L'arbre est délicat dans nos climats ; cependant il croît en pleine terre, paraît-il, à Cherbourg, où l'influence de la mer rend la température plus égale, et, d'après M. Carrière, il y réussit parfaitement.

DEUXIÈME GROUPE, DIT EUTACTA.

IV. ARAUCARIA GÉANT. (Araucaria excelsa). — 1793.

Dombeya, Eutacta, Colymbea, Altingia : *Excelsa.*—Eutassa Heterophylla.— Pin de l'île de Norfolk.

L'Araucaria Géant est peut-être le plus beau de

tous les conifères. Ses branches, disposées en verticilles réguliers, émettent à droite et à gauche, sur un plan horizontal ou un peu incliné vers le sol, des rameaux et des ramules opposés ou alternes dont les extrémités s'inclinent légèrement; les feuilles, nombreuses, petites, rapprochées, aciculaires et recourbées, légèrement piquantes, garnissent les intervalles des rameaux et des ramules, et chaque branche ainsi composée semble une plume étendue de quelque oiseau gigantesque dont la robe affecterait les nuances d'un ton vert-tendre. Toutes les branches, placées par étages superposés et dans un ordre admirable autour d'une tige parfaitement rectiligne, donnent à l'ensemble de l'arbre un aspect d'un effet extraordinaire.

Malheureusement l'*Araucaria Géant* ne supporte pas le froid. Deux ou trois degrés au-dessous de zéro suffisent pour le faire périr. Mais en Algérie et dans quelques parties du midi de la France, nommément à Hyères, il se comporte parfaitement jusqu'ici.

Cet arbre est originaire de l'île de Norfolk, située sous le 30e degré de latitude australe et à trois ou quatre cents lieues à l'est de la Nouvelle-Hollande. Il y acquiert une hauteur qui varie de 50 à 70 mètres avec 8 à 10 mètres de circonférence et quatre-vingts pieds sous branches.

On a peu de renseignements sur la nature et la qualité de son bois.

Il fructifie rarement. Toutefois dans une notice publiée par la *Revue horticole* de 1859, p. 475, M. Pepin affirme que cet arbre a commencé à produire des cônes dans le midi de la France, où il réussit très-bien ainsi que l'Araucaria de Cook et le Dammara d'Australie.

V. ARAUCARIA-COLONNE OU DE COOK. (Araucaria Columnaris vel Cookii.) — 1851.

L'Araucaria-Colonne n'est pas sans analogie avec le précédent. L'auteur du « Handbook » en fait une quasi-espèce de l'Excelsa avec des cônes plus petits, un feuillage moins régulier, et, ajoute Gordon, des différences de plusieurs natures. M. Carrière le considère comme une espèce intermédiaire entre l'Araucaria géant et celui de Cunningham dont nous parlerons un peu plus bas. « Dans les jeunes individus cultivés, dit-il, les feuilles effilées, luisantes, de couleur cuivrée ou métallique, rarement vertes, sont plus minces et moins recourbées que celles de l'Araucaria *excelsa*, plus ténues, plus rapprochées, moins étalées que celles de l'Araucaria *Cunninghami*. Dans les arbres non cultivés, les ramules foliifères ressemblent assez à certains lycopodes ; les feuilles, longues de 4 à 8 millimètres, larges de 2 à 3, sont minces, carénées sur le dos, courbées vers les ramules qu'elles cachent en grande partie. Le plus bel Araucaria *Cookii* que j'aie pu observer avait environ 1 m. 40 de hauteur, ses rameaux offraient un singulier arrêt de développement par suite de l'avortement du bourgeon terminal. Les branches, ainsi bifurquées à leur extrémité, et qui cessent promptement de s'allonger, nous donnent l'explication de la forme de ces individus élevés, aux branches courtes représentant des colonnes étroites, et presque du même diamètre dans toute la hauteur. — En effet l'Araucaria Cookii a un diamètre si peu proportionné à sa hauteur, que lorsque les hommes de l'équipage de Cook le découvrirent en 1774, ils crurent voir dans ces arbres des colonnes de basalte ou de quelque autre produit volcanique. Les choses en demeurèrent là jusqu'en 1850, époque à laquelle M. Moore, jardinier en chef du jardin botanique de Sidney, dans une exploration à la Nouvelle-Calédonie, le découvrit de nouveau, et crut retrouver plein de vigueur, en 1850, le grand

exemplaire comparé par Cook à une tour élevée.
M. Moore écrit au docteur Lindley, relativement
à cet échantillon : « L'arbre rappelle une très-haute
cheminée de manufacture, parfaitement propor-
tionnée dans sa forme (1). »

Avec une conformation pareille, si le bois de
cet Araucaria est, comme on le dit, de très-bonne
qualité, peu noueux, très-solide, il pourrait être
d'une très-grande ressource pour la mâture (2).

La Nouvelle-Calédonie, patrie de l'Araucaria-
Colonne, est située sous le tropique. C'est donc un
arbre de climats chauds. Mais il réussit très-bien
dans le midi de la France et en Algérie (3), con-
curremment avec les Araucarias du Brésil et de
Bidwell, et avec celui de Cunningham dont il nous
reste à entretenir nos lecteurs.

VI. Araucaria de Cunningham. (Araucaria Cunninghami). — 1827.

Altingia, Eutacta, Eutassa : *Cunninghami.*

Comme de l'Araucaria-Colonne, le *Pinaceæ* fait

---

(1) M. Carrière, *Traité général des conifères.*
(2) M. Pepin, *Revue horticole*, année 1859, p. 475.
(3) M. Hardy, direct. jard. acclim. d'Alger. *Bulletin de la
Société d'acclimatation* de novembre 1863.

de *l'Araucaria de Cunningham* une quasi-espèce de l'Excelsa avec des feuilles beaucoup plus piquantes, raides, unies, brillantes et d'un vert foncé, également réparties tout autour des branches et de la tige. Leur longueur est de 10 à 12 millimètres, elles sont renflées vers la base en forme d'alène et, sur les sujets adultes, lancéolées, aiguës, imbriquées, inclinées au dehors le long de la tige et des branches principales : sur les jeunes individus, elles sont au contraire dressées verticalement. La forme des cônes est ovoïde ou sphérique ; leur dimension est de 6 à 8 centimètres en longueur comme en largeur : ils sont terminaux et sessiles à l'extrémité des rameaux les plus élevés.

L'Araucaria de Cunningham est, suivant Gordon, un arbre de 100 à 130 pieds de hauteur et d'une circonférence de près de 5 mètres, dont le tronc, cylindrique et droit, s'élève à 24 mètres sans une seule branche et porte, à cette hauteur, une cime ample et fournie. Son écorce, luisante et brune, offre de l'analogie avec celle du cerisier. Il forme des forêts étendues sur le littoral australien des environs de Moreton-Bay et sur les bancs d'alluvions qui bordent le fleuve Brisbane, entre 14 et 30 degrés de latitude australe.

Très-sensible au froid sous le climat de Paris.

Deuxième genre. — Dammara.

Les Dammaras se distinguent des conifères dont se composent nos deux premiers ordres, par leurs feuilles qui ne sont point aciculaires mais élargies à la manière des feuilles caduques ; elles sont opposées ou alternes, lancéolées, charnues et veinées par des vaisseaux parallèles. Les chatons mâles et les fleurs femelles sont solitaires sur des sujets différents, et par ce caractère dioïque les Dammaras se rapprochent des Araucarias ; mais ils en diffèrent par la forme des écailles de leurs cônes, par l'absence de bractées sur ceux-ci, enfin par leurs graines, munies d'une aile et libres ou non adhérentes aux écailles (1) mais cependant, comme chez les Araucarias, solitaires sous chacune d'elles.

Ces arbres sont indigènes dans la Malaisie, l'Australie et la Nouvelle-Zélande ; ils tirent leur nom générique du mot qui, en langue malaise, signifie *résine*. La résine est en effet, chez eux, d'une abondance extrême. M. Carrière dit que les Dammaras, autrefois beaucoup plus nombreux dans les îles de la Nouvelle-Zélande qu'ils ne le sont actuellement, ont fourni de telles quantités de résine qu'on la

(1) Gordon, *Supplement to the Pinetum.*

trouve aujourd'hui en assises comparables à des blocs de pierre, quelquefois superposées, et séparées alternativement par une petite couche de terreau provenant, sans aucun doute, de la décomposition des feuilles. Le commerce européen exploite ces sortes de mines de résine qu'il utilise à la fabrication des vernis pour la carrosserie.

I. DAMMARA D'ORIENT. (Dammara Orientalis).—1804.

Dammara Alba, Arbre de Java, Pin et Sapin de Sumatra; Agathis Dammara et Laranthifolia; Arbre à Poix d'Amboyne; Dammar-Pati, Dammar-Batu.

Les îles Moluques et de la Sonde, Sumatra, Java, Bornéo, les montagnes d'Amboyne et de Ternate, sont la patrie du Dammara d'Orient. C'est un grand arbre qui dépasse cent pieds de hauteur et dont la circonférence atteint 8 à 10 mètres autour d'un tronc parfaitement droit, à l'écorce lisse et unie, supportant une cime ample, fournie et richement feuillée. Le bois, facile à travailler, d'un grain fin et agréable à l'œil, n'a pourtant pas grande valeur comme durée et résistance, mais il produit avec une rare abondance une résine remarquable; elle a la transparence et la pureté du cristal et pend, le long de l'écorce des arbres, comme des stalactites de glace qui parfois n'auraient pas moins de 30 centimètres de long sur 8 à 10 de large. Son odeur aromatique la fait priser par les naturels au-dessus de l'encens lui-même. Molle et visqueuse d'abord, elle se dessèche peu à peu et perd quelque chose de son parfum ; en même temps elle se colore et finit par affecter une teinte comparable à celle de l'ambre. Son nom malais est *Dammar*.

Les feuilles du Dammara d'Orient sont opposées et souvent alternées, de forme oblongue, entières, glabres, d'une texture épaisse et coriace et d'une couleur vert-glauque; leur longueur est de 6 à 8 centimètres, et leur largeur, prise au milieu, de la moitié environ de cette dimension (fig. 8). Les branches latérales s'étalent par paires opposées, tandis que celles du haut, sauf une faible courbure, se dressent verticalement par leur extrémité et forment sur les arbres adultes une cime pleine de légèreté et de grâce.

Fig. 8. Rameau de Dammara d'Orient (très-réduit).

Les cônes sont à peu près sphériques, solitaires, et supportés, vers le bout des branches, par un long pétiole *axillaire*, c'est-à-dire partant originairement de l'aisselle d'une feuille. Ils ont 8 à 10 centimètres de longueur sur 5 à 6 de diamètre horizontal. Leurs écailles sont comprimées, unies, arrondies au sommet, épaisses et fortement serrées.

L'origine équatoriale du Dammara d'Orient ne permet pas d'espérer qu'il puisse être facilement acclimaté chez nous, surtout dans le nord et le centre de la France. Cependant il s'y contente de la serre froide, ce qui permet de penser qu'il pourrait trouver en pleine terre, dans nos départements méridionaux, quelques stations favorables.

II. Dammara d'Australie. (Dammara Australis). — 1823.

Agathis d'Australie, Podocarpe à feuilles de Zamia, Pin de Cowrie ou de Kauri.

Le nom d'Australie ne s'applique pas exclusivement au seul continent de la Nouvelle-Hollande; mais il s'étend aussi à la portion de l'Archipel océanien appelé Mélanésie et comprenant, au voisinage de la Nouvelle-Galles du sud, la Tasmanie,

la Nouvelle-Calédonie, la *Nouvelle-Zélande*, etc.(1).
C'est pourquoi le nom de *Dammara d'Australie* a
pu être donné à un arbre découvert dans la partie
la plus septentrionale et partant la plus chaude
(nous sommes au delà de la ligne) de cette dernière
contrée, au sein des épaisses forêts qui bordent la
rivière de Thames et avoisinent le détroit de Mer-
cure. Le côté nord de l'île de Wangarow et la partie
ouest du Hokianga servent aussi de patrie à cet
arbre que les naturels appellent kauri ou kouri, et
les colons Pin de Cowrie.

Ce Dammara dépasse en dimensions le précédent
et parvient jusqu'à 50 mètres de hauteur et 2 à 3
de diamètre. Son bois est blanc mais de qualité supérieure ; sa résine, non moins abondante que celle
du Dammara d'Orient, en diffère par sa couleur vert
pâle et son apparence vitreuse (2), sa consistance
dure et cassante ; elle est d'ailleurs d'excellente

---

(1) La partie septentrionale des îles de la Nouvelle-Zélande forme à peu près les antipodes de notre littoral al-
gérien. Le Dammara, indigène dans ces australes contrées,
doit donc pouvoir s'acclimater facilement dans notre colo-
nie africaine ; nous avons même dit plus haut, en parlant
de l'Araucaria de Norfolk, que, d'après M. Pepin, le Dammara d'Australie réussit très-bien dans le midi de la France.

(2) Knight and Perry.

qualité et ressemble au copal. Le tronc est droit et
dénudé jusqu'aux deux tiers de sa hauteur; l'écorce
qui le recouvre est épaisse, lisse, d'une couleur
plombée et regorge de résine.

Les feuilles sont oblongues, aplaties sur les
bords et ne dépassent pas 4 à 5 centimètres
de long sur 1 à 2 de large. Distantes et alternes sur la tige et les grosses branches, elles se
rapprochent, s'opposent, se resserrent sur deux
rangs quelquefois, le long des rameaux. Elles sont
épaisses, coriaces, tantôt falquées et d'une brillante
couleur brun-verdâtre, tantôt panachées d'un rouge
de cuivre à la partie
supérieure mais moins
luisantes en-dessous :
leur partie inférieure
souvent torse et effilée
est dépourvue de pé-
tiole, et leur bout su-
périeur est atténué et
obtus (fig. 9).

Les cônes se dres-
sent sphériques et soli-
taires, sur d'épais pé-
doncules portés par la

Fig. 9. Cône et rameau de Dammara
d'Australie (très-réduits).

partie supérieure des branches; leur diamètre est de 6 à 8 centimètres dans tous les sens.

Troisième genre. — Cunninghamia ou Raxopitys.

Si la dénomination de *Raxopitys* n'était pas si barbare, surtout si elle était moins récente et patronée par un nom plus autorisé que ne peut l'être un pseudonyme (1), nous la préférerions de beaucoup à celle de *Cunninghamia* qui, tout en ayant le mérite de rappeler le nom de sir James Cunningham, l'inventeur de cet arbre chinois, a l'inconvénient grave de prêter à la confusion avec un araucaria qui porte spécifiquement le même nom. Cette confusion est d'autant plus facile à faire que les genres *Araucaria* et *Cunninghamia* sont voisins, offrent plusieurs points de similitude, et que si l'unique espèce jusqu'ici connue du dernier de ces deux genres est d'un aspect bien sensiblement différent de l'Araucaria de Cunningham, elle présente néanmoins une grande analogie apparente avec d'autres Araucarias, notamment celui du Chili.

Dans le genre *Cunninghamia* ou *Raxopitys* les fleurs sont monoïques, mais terminales et séparées sur des branches différentes, bien que réunies sur

(1) Senilis. — *Pinaceæ.*

le même arbre. Les graines sont rassemblées par groupes de trois sous chaque écaille, les feuilles séminales sont au nombre de deux seulement.

ESPÈCE UNIQUE.

CUNNINGHAMIA DE LA CHINE. (Cunninghamia Sinensis). — 1804.

Raxopitys Cunninghamii; Araucaria Lanceolata; Belis Jaculifolia, Lanceolata. — Abies, Pinus, Cunninghamia : *Lanceolata.* — Sapin des îles Liu-Kiu, Liu-Kiu Momi, Olanda Momi, Ko-jo-san, Liubi, San-shu, Sapin des Bataves.

C'est en 1702 que sir James Cunningham découvrit, dans le sud de la Chine, l'arbre qui porte son nom et que l'on a classé dans un genre à part dont il est jusqu'ici le seul représentant. Indigène sur la terre ferme du *Céleste* Empire et dans l'île chinoise de Liu–Kiu, il a été transporté de cette dernière dans celles du Japon où on le rencontre en forêt et dans les jardins.

Cet arbre est de dimensions peu considérables et ne dépasse pas 12 à 15 mètres de hauteur. Sa tige est droite et cylindrique ; ses branches s'étendent horizontalement et en verticilles très-réguliers ; mais cette régularité ne persiste pas sur les sujets âgés. Les feuilles sont nombreuses, raides, piquantes, plates, sessiles, et obliquement repliées de haut en bas à partir de la base ; leur longueur est de 4 à 5 centimètres, et leur forme lancéolée leur donne de 3 à 6 millimètres dans leur plus grande largeur. Les cônes sont sphériques ou légèrement ovoïdes, et ordinairement réunis par groupes

Fig. 10. Groupe de cônes de Cunninghamia sur un fragment de rameau.

de 3 à 5, quoique parfois mais rarement isolés ; ils sont sessiles, lisses, caducs et ne dépassent guère la grosseur d'une noix (fig. 10).

Le Raxopitys de Cunningham ou Cunninghamia de la Chine paraît robuste et peu sensible à la gelée. M. Carrière l'a vu supporter des froids de 14 degrés qui firent périr des Lauriers nobles, des Lauriers-tins, des Troënes du Japon placés en pleine terre, à côté et dans les mêmes conditions que lui.

Une particularité fort remarquable c'est que, dans la jeunesse des drageons partent du pied de cet arbre. Il est présumable que, par suite, il possède la faculté de repousser de souche après la coupe, comme les arbres feuillus et comme le *Séquoïa sempervirens* à la monographie duquel nous allons bientôt arriver. Ce serait un fait intéressant à observer et à étudier.

QUATRIÈME GENRE. — SKIADOPITYS.

Des deux mots grecs, 1° σχιάς-άδος (skias-ados) qui signifie *pavillon, tente, ombelle*, et 2° πίτυς (pitus) qui signifie *pin*, on a fait le nom générique *Skiadopitys* qui signifie littéralement *pin-parasol*. Comme les cunninghamias, les Skiadopitys ne sont représentés jusqu'ici que par une seule espèce ; et les feuilles, très-longues et disposées en larges et élégantes ombelles à l'extrémité des rameaux, ont fait naître l'idée du nom composé dont nous venons de donner l'explication.

Les fleurs de l'arbre qui représente le genre Skiadopitys sont monoïques, mais séparées sur des rameaux différents dans le même individu ; les fleurs mâles sont terminales, et les femelles solitaires naissent de boutons écailleux. Les cônes sont elliptiques ou cylindriques, obtus aux extrémités ; leurs graines, réunies par groupes de cinq à neuf sous chaque écaille (fig. 11), sont revêtues d'un tégument coriace qui se prolonge en une aile membraneuse échancrée à la base et au sommet. Les feuilles séminales sont au nombre de deux et ressemblent beaucoup à celles de l'if commun.

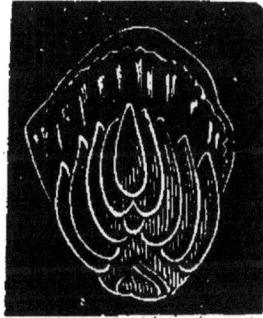

Fig. 11.

Graines de Skiadopitys fixées à l'écaille.

ESPÈCE UNIQUE.

SKIADOPITYS VERTICILLÉ. (Skiadopitys Verticillata). — 1861.

Suivant Endlicher, Gordon et d'autres auteurs, le Skiadopitys serait un arbrisseau plein de grâce et d'élégance, d'un aspect ravissant, mais enfin ne serait qu'un arbrisseau. Or Endlicher écrivait en 1847, Gordon publiait la première et principale

partie de son *Pinetum* en 1858 ; et c'est en 1861 que
M. Fortune envoyait à M. Standish, directeur des
pépinières royales à Bagshot, les premiers plants
vivants de Skiadopitys.

Or d'après M. Fortune, dit le *Supplement to Gordon's Pinetum* publié en 1862, « le *Parasol Fir* est
un grand arbre pyramidal, aux branches horizontalement étalées, qui parvient à une hauteur de 100
à 150 pieds avec 10 à 11 pieds de circonférence à
1 mètre du sol, et non pas un grand arbrisseau ou
un petit arbre comme l'avait d'abord annoncé le
docteur Siebold dans sa *Flore japonaise.* »

Cet arbre croît spontanément à l'ouest de l'île
de Niphon, sur le mont Kojasan, province de Kii,
plus rarement dans l'île de Sikok et sur le mont
Fusiyama. On le rencontre à l'état cultivé dans les
jardins et les bosquets qui entourent les temples
japonais : il s'y présente sous plusieurs formes ou
variétés dont quelques-unes sont élégamment panachées et d'autres réduites à l'état de buissons nains,
vraies miniatures de l'espèce. Mais quelles que
soient ses dimensions, normales et grandioses ou
mignonnes et amoindries, il se fait toujours remarquer par l'extrême élégance de ses rameaux que
terminent de plantureux verticilles composés chacun
de trente à quarante feuilles qui forment une ombelle

dont le diamètre n'est pas inférieur à un décimètre
et demi (fig. 12). Ces feuilles, longues elles-mêmes de

Fig. 12. Rameaux et ombelle du Skiadopitys
Verticillé réduit à moitié.

7 à 8 centimètres, persistent pendant trois ou quatre
ams, et donnent lieu ainsi, sur chaque rameau,
suivant son âge, à deux, trois ou quatre ombe

superposées et séparées seulement par la longueur de la pousse annuelle; l'ombelle inférieure tombe toujours à la cinquième année.

Les cônes, longs de 7 à 8 centimètres et larges de 3, ne sont pas sans quelque analogie avec ceux du *Pin cembro*, mais ils sont plus allongés, et leurs écailles, semi-orbiculaires, sont réfléchies sur les bords et portent des bractées plus courtes qu'elles (fig. 13). Fleurs en été, fruits à l'automne, ils passent l'hiver sur l'arbre et mûrissent au printemps suivant. Le Skiadopitys croit spontanément dans l'île de Niphon dont la latitude est la même que celle de l'île de Sardaigne, des Baléares et de l'Espagne. Il est donc présumable qu'on pourra le naturaliser au moins dans nos départements du Midi, et enrichir ainsi notre horticulture méridionale d'un arbre aux formes si ornementales et si particulièrement élégantes.

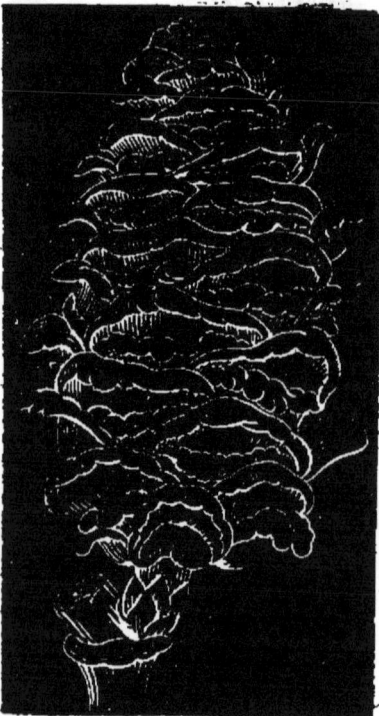

Fig. 13. Cône du Skiadopitys verticillé réduit de 1/3.

CINQUIÈME GENRE. — ARTHROTAXIS.

Un langage dur, des termes inintelligibles au commun des mortels sont, paraît-il, chose indispensable à la science. Parler français serait sans doute au-dessous de sa dignité, et il lui faut parler grec! Est-il étonnant qu'elle rebute tant de monde et que d'aucuns repoussent ses avances comme Henriette, au temps de Molière, les baisers de Vadius?

Science, excuse-moi, je n'entends pas le grec!

peuvent répondre beaucoup d'esprits naturellement studieux, mais que fatigué et dégoûte une logomachie barbare dont la signification leur échappe.

Essayons cependant, puisque nous sommes contraints d'employer ces termes bizarres, d'en pénétrer le sens. Le mot grec ἄρθρον (*arthron*) signifie *jointure, articulation;* et le mot τάξις (*taxis*) veut dire *ordre, arrangement.* Or les branches des arbres ou plutôt des arbrisseaux dont le genre nous occupe en ce moment sont régulièrement insérées sur la tige; c'est pour cela qu'on a appelé ce genre *arthrotaxis...* « et voilà pourquoi votre fille est muette... »

Les fleurs des Arthrotaxis sont monoïques, leurs deux sexes sont réunis sur le même arbre;

elles sont d'ailleurs solitaires et terminales sur des rameaux différents. Quelquefois, cependant, on rencontre, par exception, les deux sexes complétement séparés sur des arbres distincts (1). Les cônes sont petits et globulaires, les écailles ovales, entières, imbriquées et dépourvues de bractées; sous chacune d'elles s'insèrent trois à cinq graines. Les feuilles sont sessiles, squamiformes (c'est-à-dire en forme d'écailles) et étroitement imbriquées tout autour des ramules.

La Tasmanie ou île de Van Diemen située au sud de l'Australie, à une latitude qui correspond, sur l'autre hémisphère, à celle de la Corse sur le nôtre, et plus froide par conséquent, est la patrie des Arthrotaxis. On les rencontre aux abords de la rivière des Pins, du lac de Sainte-Claire et des cataractes du Méandre.

I. ARTHROTAXIS-SÉLAGINE (Arthrotaxis-Selaginoïdes).
II. ARTHROTAXIS-CYPRÈS (Arthrotaxis-Cupressoïdes).
III. ARTHROTAXIS A FEUILLES LACHES (Arthrotaxis-Laxifolia). — 1844.

Ces trois espèces sont-elles bien légitimes, ou n'en forment-elles qu'une seule?

(1) Gordon, *Supplément*. Senilis, *Pinaceæ*.

Le « Handbook » dit que le *Laxifolia* n'est qu'une forme particulière du *Cupressoïdes* et il ajoute que ce dernier est un *alter ego* du *Selaginoïdes*, deux espèces ou soi-disant telles que le « Supplement to pinetum » avoue être très-souvent confondues dans les pépinières.

Nous ne résoudrons pas la difficulté, peu importante à notre point de vue, pour des arbrisseaux si rares et si peu connus. Nous dirons seulement avec M. Carrière, que ces conifères, malgré leurs humbles dimensions (10 mètres de hauteur au maximum) offrent cependant sous le rapport ornemental un certain intérêt « par la petitesse et l'épaisseur de leurs feuilles imbriquées, fortement appliquées sur des rameaux minces et flexibles qui leur donnent un aspect particulier, semblable à celui de certaines espèces de lycopodes (1). »

Les Arthrotaxis résistent difficilement au froid des hivers du climat parisien ; mais nous sommes convaincu que sur notre littoral de la Méditerranée et du sud-ouest de la Gascogne, et même dans les départements du centre (2), ils supporteraient la

---

(1) Carrière. *Traité général des conifères*. 1855.

(2) A Orléans, ils supportent la pleine terre sans aucun abri.

pleine terre et fourniraient à l'embellissement des jardins un élément fort pittoresque (1).

SIXIÈME GENRE. — SEQUOÏA OU GIGANTABIES.

Nous voici arrivés aux géants non-seulement des conifères, mais, probablement, de tout le

(1) Il est encore un arbrisseau voisin des Arthrotaxis, et que l'auteur du *Pinaceæ* confond même avec eux, tandis que M. Carrière, d'après Hooker, l'élève au rang d'une section spéciale des cupressinées : c'est le *Microcachrys Tétragone*. Certes ! quand nous nous plaignions, un peu plus haut, de la dureté du mot *Arthrotaxis*, nous étions encore loin d'une pareille expression !... Au moins un nom si dur à l'oreille jette-t-il un grand jour, par sa signification étymologique, sur le genre qu'il désigne ? Μιχρὸς (*micros*) signifie *petit* ; ϰαχρυς (*cachrys*) signifie *orge*, et, par extension, *fruit* ou *graine du pin* ou *du sapin*. C'est donc pour dire *petit fruit* ou *petite graine*, qu'on est allé chercher un terme aussi barbare ! Jusqu'où donc n'iront pas la grécomanie et le pédantisme technique ?

Sous-ordre, genre ou simple espèce, le Microcachrys est un arbrisseau qui n'a d'intérêt que pour les collectionneurs, et que nous ne mentionnons ici que pour mémoire. Il a, comme les Arthrotaxis, un port offrant quelque analogie avec celui du Cyprès que nous étudierons sous peu. Il ne dépasse pas 5 ou 6 mètres en hauteur, ne supporte pas chez nous la pleine terre, et exige même la serre tempérée. C'est cependant un arbrisseau de la Tasmanie, où il croît en compagnie des Arthrotaxis.

règne végétal ; à un genre dont les arbres, par leurs dimensions énormes, ont mérité le surnom d'*arbres mammouths;* à des végétaux qui, dans leur normal développement, laissent au-dessous d'eux les doyens de nos forêts européennes tout autant que ceux-ci dépassent sans comparaison possible l'humble stature du brin d'herbe de nos prairies.

Oublions pour un instant leurs formes colossales afin d'envisager rapidement au préalable les caractères génériques qui les distinguent scientifiquement des autres conifères.

Et d'abord ces caractères, il le faut avouer, n'ont rien de bien tranché et de bien absolu. En sorte qu'à leur égard, il y a presque autant de classifications que d'auteurs. Endlicher fait des Séquoïas le quatrième genre des Cunninghamiées qui sont eux-mêmes pour lui une troisième division des Abiétinées, et les place entre les Arthrotaxis et les Skiadopitys... M. Carrière, s'éloignant peu d'ailleurs d'Endlicher, prend ces arbres pour en faire le type d'un sous-ordre des Abiétinées, le sous-ordre *Séquoiée* comprenant avec eux les Arthrotaxis, Cunninghamia et Skiadopitys... De nos deux espèces de Séquoïas, l'espèce *Taxifolia* et l'espèce *Cupressifolia* ou *Gigantea*, Gordon fait deux genres distincts (1), tous deux appartenant d'ailleurs à la tribu des Cupressinées...D'autres, tout en rattachant nos deux Séquoïas à cette dernière tribu, n'accordent la dignité de genre qu'à l'espèce *Gigantea* et rattachent l'espèce *Taxifolia* au genre *Taxodium*... Enfin l'auteur anonyme du « Handbook, » qui partage les *Pinacées* en deux grandes divisions, celle des *conifères* et celle des *bacci-fères*, fait de nos arbres, sous la dénomination d'ailleurs heureuse de *Gigantabies*, une subdivision de la première, marchant de pair avec celles de ses abiétinées, cupressinées, pinguécérées, etc.

Il est bon de noter que cette incertitude de classification existe à des degrés divers pour chacun des six genres dont nous avons composé notre ordre deuxième, ce qui est notre excuse pour le groupement un peu arbitraire que nous en avons fait.

Les fleurs des *Séquoïas* sont monoïques, mais séparées sur des ramules différents du même arbre. Les strobiles, peu volumineux, sont ovales,

(1) Depuis que ces pages sont écrites, M. Carrière a publié la deuxième édition de son savant Traité; il y sépare en deux genres différents le Séquoïa Taxifolia et le Séquoïa Cupressifolia dont il n'avait fait que deux espèces d'un même genre dans sa première édition.

plus longs que larges, obtus au sommet, et situés à l'extrémité de ramules courts et écailleux ; ils mûrissent dans l'année même de leur floraison. Leurs écailles comme dans les genres précédents, à l'exception des Araucarias et Skiadopitys, sont dépourvues de bractées ; elles sont coriaces, rugueuses, avec une petite pointe au milieu, et recouvrent des graines légèrement ailées dont le nombre varie ordinairement de cinq à sept sous chacune d'elles, bien qu'il soit quelquefois moindre (fig. 14) : une certaine analogie existe entre le mode d'insertion des graines sous l'écaille du cône d'un Séquoïa et ce mode d'insertion en un cône de skiadopitys (fig. 11) ; elles sont du reste plus petites encore et leur aile n'est que le prolongement à droite et à gauche du testa ou tégument extérieur de la graine.

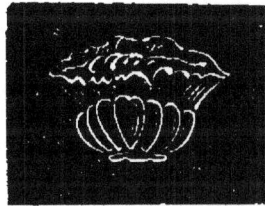

Fig. 14. Écaille d'un cône de Washingtonia portant ses graines.

Le nombre des feuilles séminales varie de trois à six. Cependant il est souvent de deux seulement dans le *Séquoïa Taxifolia*, et de quatre ou cinq dans le *Séquoïa Gigantea*.

I. Séquoïa a feuilles d'if (Sequoïa Taxifolia).—1840.

Sequoïa Sempervirens. Schubertia, Taxodium : *sempervirens.*
Taxodium Giganteum, Nutkaense. Gigantabies Taxifolia.

Le Séquoïa ou Gigantabies *à feuilles d'if* est
beaucoup plus connu sous le nom de *Sequoïa Tou-*
jours-vert (Sequoïa Sempervirens). Mais cette dénomination, qui laisserait supposer qu'il est des
espèces de Sequoïas à feuilles caduques, est par là
même vicieuse. Le nom spécifique de *sempervirens*
avait sa raison d'être lorsque, par suite d'une classification qui paraît abandonnée aujourd'hui, il
s'accolait au nom générique de *Taxodium*; car les
taxodiums, comme nous le verrons plus loin, perdent en effet leurs feuilles à l'automne pour ne s'en
parer de nouveau qu'au printemps. Mais du moment
que cet arbre forme aujourd'hui avec le wellingtonia, un genre spécial dont les deux espèces connues mériteraient également l'épithète de *semper-*
virens, il n'est pas rationnel de faire de celle-ci le
nom spécifique de l'une d'elles. Au contraire l'appel-
lation de *taxifolia* qui fait allusion à la forme des
feuilles, tout à fait caractéristique pour l'espèce,
paraît à tous égards préférable.

Qu'on se figure, avec un feuillage qui tiendrait le

milieu entre celui du sapin pectiné et celui de l'if
commun, une immense pyramide de verdure, à
côté de laquelle nos plus fiers sapins et nos plus
splendides épicéas du Jura et des Vosges ne sem-
bleraient plus que des arbrisseaux, et l'on com-
mencera à se faire une idée du *Sequoia Taxifolia*
parvenu à l'âge adulte et à ses dimensions normales. C'est à 240 pieds ou 80 mètres au-dessus du
sol que la flèche de cette pyramide balance au gré
de la brise sa pousse nouvelle et encore herbacée,
tandis que la base du tronc étend ses larges assises
sur une circonférence de 12 à 15 mètres que six
ou huit hommes, les bras étendus, ne suffiraient
qu'à peine à embrasser. Une épaisse et spongieuse
écorce d'un ton gris-rougeâtre et parfois presque
orangé, gerçée longitudinalement et se détachant
en lames fibreuses, revêt cette tige droite et régulière
qui étale quelquefois ses premières branches à 20
mètres seulement au-dessus de sa base.

Le feuillage est d'un vert plus glauque, plus gai,
moins foncé que celui du sapin pectiné; sur les
jeunes bourgeons, les ramules floraux et les gros
rameaux, les feuilles sont squamiformes et lâchement imbriquées; sur les rameaux intermédiaires
et les plus apparents, elles sont aciculaires, aplaties, striées de deux raies blanches en dessous pen-

dant les premières années de leur existence, et offrent ainsi dans leur forme la plus grande analogie

Fig 15. Cône et jeune rameau
de Sequoïa Taxifolia.

avec celles de notre sapin des Vosges et de Normandie : elles sont à peu près *distiques* ou opposées sur deux rangs ordinairement simples, quelquefois doubles ou triples, et présentent cette particularité remarquable d'être plus grandes au milieu du rameau qu'à ses deux extrémités ; elles commencent et finissent sur les rameaux adultes, à 5 ou 6 millimètres de longueur pour aller en croissant et décroissant suivant toutes les dimensions intermédiaires jusqu'à un maximum de deux et demi à trois centimètres.

Les cônes sont solitaires à l'extrémité de courts ramules ; leur forme est celle d'un très-petit œuf qui n'aurait que 25 à 30 millimètres de long sur 15 à 20 de large (fig. 15). Ils sont nombreux, et se montrent dès les premières années du développement des jeunes arbres.

Le Sequoïa ou Gigantabies *Taxifolia* est originaire de la Haute-Californie dont les habitants l'appellent *Red wood* (bois rouge) ou *faux cèdre*. Il y a été trouvé en 1796 par Menziès sans qu'aucune suite ait été donnée à la découverte de ce voyageur. Douglas le retrouva en 1836 et c'est de 1840 à 1842 que les Russes, paraît-il, l'importèrent en Europe. On le rencontre du reste sur toute la côte nord-ouest de l'Amérique du Nord, et Hartweg l'a trouvé dans l'état le plus prospère sur les montagnes de Santa-Cruz à soixante milles environ de Monterey. L'un des sujets par lui observés mesurait 270 pieds de hauteur dont 60 ou 70 pieds sous branches, et 55 pieds de circonférence à près de deux mètres du sol. Une rondelle coupée perpendiculairement à l'axe d'un Séquoïa Taxifolia fut envoyé d'Amérique à Saint-Pétersbourg et reçue par le docteur Fischer ; elle mesurait 15 pieds de diamètre et 1008 couches ligneuses concentriques.

Le bois est d'une belle couleur rouge-clair comparable à celle de l'acajou ; il est d'un grain fin et serré mais léger et cassant. Les insectes ne l'attaquent point, et conservé en lieu sec ou garanti par la peinture, il est, assure-t-on, d'une assez grande durée.

La végétation de notre Sequoïa est des plus vigoureuses et des plus rapides. Placé dans de bonnes conditions de terrain et d'aspect, il donne quelquefois des pousses annuelles de plus d'un mètre. Les froids propres à nos climats du nord et du centre de la France ne paraissent pas l'incommoder ; du moins il supporte sans aucune fatigue des hivers où le baromètre descend à 12 degrés au-dessous de glace (1). Mais il est beaucoup plus sensible aux

(1) Nous devons dire que par un hiver exceptionnellement rigoureux, un jeune Sequoïa âgé de huit ans et haut de 4 mètres et demi a vu sa tige ne pas résister à un froid de 20 degrés, dans le département de l'Orne. (*Bulletin de la Soc. d'acclimatation*, juin 1859, p. 275).

gelées précoces de l'automne et quelquefois aussi
à celles du printemps. L'exubérance de sa végétation est telle qu'une fois lancée elle ne s'arrête plus
qu'avec peine ; vienne une de ces gelées matinales
d'octobre qui surprennent la terre non refroidie
et l'atmosphère encore tiède, nos jeunes Sequoïas,
qui auront indéfiniment et étourdiment allongé
leurs pousses printanières sans songer à les aoûter,
seront pris à ces gelées traîtresses ; ils y perdront
souvent leur croissance de plusieurs mois.... Heureusement que de nombreux bourgeons adventifs
couraient sur ces pousses nouvelles ; l'un d'eux, au
printemps suivant, reprendra et dépassera bientôt
l'essor interrompu.

Pour obvier autant que possible à ce danger, divers moyens sont à conseiller : toutes les fois que les
circonstances permettront de placer nos Sequoïas
dans des situations abritées soit par la conformation
même des lieux et du terrain, soit par une disposition favorable de rideaux ou de bouquets d'arbres adultes avoisinants, il y aura toutes chances
pour que les premières gelées d'automne ne les atteignent point. Un sol sec et sableux, maigre et rocailleux même, devra aussi être choisi de préférence
à un sol gras, riche et fertile ; la végétation ne s'y
produira pas sans doute d'une manière aussi luxu-

riante ; mais, par le fait même, moins énergique
dans son élan, elle ne se prolongera pas aussi tard
et partant élaborera davantage les tissus nouvellement formés qui seront, de la sorte, mieux prépa-
rés aux atteintes des premiers froids.

Il est d'autant plus à propos d'observer cette dernière règle que notre arbre n'est nullement difficile
sur la qualité du terrain et réussit même dans
les landes et les sables les plus arides ; sous ce
rapport il pourrait, s'il était plus commun, plus répandu, rendre de grands services pour le reboisement des dunes, surtout s'il était combiné avec les
pins de manière à être abrité contre les vents de
mer qui paraissent lui être contraires, au moins sur
le littoral de la Méditerranée. Les sols tourbeux ou
très-humides lui sont souvent fatals. M. le marquis
de Vibraye a fait à cet égard, dans ses vastes plantations de la Sologne, où les Sequoïas Taxifolias figu-
raient déjà en 1858 pour plus de 2000 pieds, des
expériences concluantes... et cependant des Séquoïas plantés en Provence sur des sols tourbeux
et marécageux comme ceux qui avaient vu échouer
M. de Vibraye, ont parfaitement réussi. Tant il est
vrai que rien n'est absolu dans la nature créée !

La vigueur de végétation, la rapidité de croissance, la rusticité terrienne du Sequoïa à feuilles

d'if ne sont pas les seuls avantages qu'offre la cúl-
ture de cette essence précieuse.

Mieux que le sapin commun, mieux que tous les
conifères que nous avons passés en revue jusqu'ici,
le Gigantabies Taxifolia supporte le manque de lumière et le couvert des autres arbres ; là où toute
autre plante ligneuse, à l'exception peut-être des
ifs et de quelques thuyas, périrait infailliblement,
il végétera encore, moins vigoureusement il est vrai,
avec cette verdure pâle et maladive des plantes qui
souffrent , mais enfin il se soutiendra et croîtra.
Sous un couvert modéré où les autres plantes souffriraient sans pour cela mourir, il végétera, lui, vigoureusement, mieux peut-être qu'au grand jour et
au grand air, en ce sens qu'il sera ainsi préservé
contre les gelées matinales.

Notre Sequoïa a, en outre, une merveilleuse facilité à se reproduire par marcottes et surtout par
boutures. De simples rameaux plantés en plein air
dans une terre fraîche et divisée, du terreau de
feuilles par exemple ou même de la terre de bruyère,
et placés de manière à être préservés de l'atteinte
du soleil, s'enracineront presque toujours ; du
collet de ces racines nouvellement formées, de
nombreux surgeons partiront autour de la tige
principale, et détachés avec soin de celle-ci ils

fourniront de nouveaux sujets, indépendants du premier.

Car le Sequoïa à feuilles d'if offre une exception bien remarquable à l'une des lois les plus générales de la végétation des conifères : il drageonne, donne des rejets sur le vieux bois, sur la souche et parfois sur les racines comme les arbres feuillus les plus favorisés sous ce rapport. Nous avons nous-même vérifié cent fois la vérité de cette exception remarquable.

M. le marquis de Vibraye raconte qu'il avait planté un très-grand nombre de Sequoïas Taxifolias élevés en pépinière et atteignant déjà 1 à 2 mètres d'élévation ; le sol était un sable sec, aride et sans saveur ; on était au printemps et la plantation fut suivie d'une sécheresse telle que de Pâques à l'Ascension il ne tomba pas une goutte d'eau, si bien que des chênes, des pins et des épicéas plantés depuis plusieurs années, périrent desséchés jusque dans leurs racines. Les grands Sequoïas nouvellement plantés séchèrent de la tête pour la plupart ; mais quand, à l'automne suivant, on voulut les remplacer, on s'aperçut qu'ils drageonnaient tous du pied. On les respecta, et ils repoussèrent à merveille. « Le massif est donc complet, ajoute M. de Vibraye, et présentera l'unique exemple d'un *taillis résineux* sous futaie de même essence (1). »

Si notre étude des conifères avait lieu principalement au point de vue de l'avenir de la sylviculture en France, nous aurions à nous étendre sur les avantages considérables que peut fournir un arbre qui réunit les deux prérogatives de croître par drageons et rejets de souches et de supporter l'ombrage et le couvert ; nous dirions l'heureuse application qui pourrait être faite de cette double faculté à une culture forestière *intensive,* à la création de forêts à *double étage;* nous ferions ressortir comment les taillis sous futaie de cette essence souffriraient peu d'une réserve trop abondante et trop serrée, et comment au contraire une futaie pleine supporterait mieux des éclaircies trop fortes ; nous expliquerions comment la précocité exceptionnelle de la fructification d'un tel arbre permettrait d'adopter des révolutions d'un âge bien inférieur à celui qui doit représenter l'exploitabilité absolue d'une essence aussi extraordinairement longévive. Mais ces considérations qui, pour un arbre d'une introduction aussi récente, ne sauraient être que conjecturales, nous entraîneraient à des développements hors de

(1) *Bulletin de la Société d'acclimatation,* Octobre 1858, p. 501.

proportion avec le cadre restreint dans lequel nous sommes tenu de nous renfermer.

Ajoutons seulement, pour terminer cette notice, que nous ne partageons pas l'opinion de ceux qui, se basant sur le nombre des couches concentriques comptées sur des souches de vieux Sequoïas, donnent à ces arbres un âge qui se compterait par plusieurs milliers d'années. La règle d'après laquelle il se forme chaque année *une* couche de bois nouveau entre l'aubier et l'écorce n'est point absolue; rien ne prouve qu'il ne puisse s'en former deux ou plusieurs dans une seule saison favorable, surtout dans des arbres comme celui qui nous occupe, dont la vigueur et l'exubérance de végétation dépassent tout ce que nous sommes habitués à voir chez nous en fait de végétaux ligneux.

Sequoïa gigantesque ou a feuilles de cyprès (Sequoïa Gigantea vel Cupressifolia). — 1854.

Wellingtonia, Washingtonia, Gigantabies de Wellington (G. Wellingtoniana); Arbre-Mammouth.

Paulo majora canemus! Nous n'avons encore étudié qu'un Sequoïa de dimensions moyennes, comparativement à celui dont il nous reste à parler. Si nos sourcilleux sapins et nos prestigieux épicéas ne sont que de grands arbrisseaux aüprès du Sequoïa à feuilles d'if, ils seront moins que de chétifs arbustes devant le gigantesque mammouth végétal auquel les Anglais ont donné le nom de leur duc de Wellington, ne trouvant sans doute rien de trop colossal pour servir de terme comparatif au guerrier qui a pu vaincre la France et que les Américains ont nommé Washingtonia, en l'honneur d'un grand homme, fondateur de la seule nation du monde qui ait su jusqu'ici demeurer démocratique sans bureaucratie et sans césarisme, libre sans exclusions et sans anarchie!

Le Gigantabies à feuilles de cyprès compte sa hauteur, du pied au sommet de la cime, par *cent, cent vingt,* quelquefois *cent trente* MÈTRES de hauteur (fig. 1 au frontispice). Douze hommes se tenant par les extrémités des doigts et les bras étendus ne pourraient qu'embrasser un tronc dont la base mesure quelquefois près de *cent pieds* de circonférence; et, placé au centre de la cour de l'Hôtel des Invalides, à Paris, le plus grand des *Sequoias Gigantesques* observés en Californie dépasserait la croix du dôme de la chapelle de près de moitié de la hauteur de cette croix au-dessus du sol.

Cet arbre prodigieux a été découvert pour la première fois en 1831 par Douglas, dans la Haute-

Californie. En 1853, M. Lobb constata de nouveau
son existence, par 38 degrés de latitude boréale et
1,500 mètres d'altitude; il en envoya des graines
en Angleterre, et en 1854, M. Boursier de la Rivière fit un envoi pareil en France. Depuis on a
constaté son existence sur des points beaucoup plus
septentrionaux des côtes occidentales de l'Amérique
du Nord, et jusqu'au 50e degré de latitude, c'est-
à-dire au niveau d'une ligne qui passerait par les
îles de Vancouver, de Terre-Neuve, le cap Lizard,
traverserait la Manche et raserait Dieppe, Amiens,
Darmstadt, Francfort, etc.

En 1855, M. Trask exposait successivement à
New-York et à Londres un lambeau de l'écorce d'un
Sequoïa Gigantesque qui se trouve actuellement
dans le transept nord du Palais de cristal, à Si-
denham. Placé suivant la position qu'il occupait naturellement sur l'arbre auquel il appartenait, ce
morceau d'écorce forme une vaste salle circulaire
dont les parois s'élèvent à la hauteur même de la
voûte, c'est-à-dire à 116 pieds anglais (34 mètres)
et dont le diamètre intérieur est de 9 à 10 mètres.
L'arbre mort sur lequel il avait été pris avait 110
mètres de hauteur totale, 40 mètres du sol à la
première branche, environ 14 mètres de circonférence à 30 mètres de terre et 9 à 10 mètres de dia-

mètre à la base, écorce comprise; il est vrai que
l'épaisseur de cette écorce n'est pas inférieure à
50 centimètres.

Il est difficile de considérer comme apocryphes,
au moins dans leur ensemble, des renseignements
de la nature de ceux qui précèdent. Car, sans parler de Douglas et de Lobb, de nombreux témoins
ont vu le groupe de 70 à 80 Washingtonias découvert en 1831 et 1853 par ces deux explorateurs;
Murrey, Black, Grosvenor, Renny et plusieurs autres parmi lesquels nous nommerons M. Boursier
de la Rivière, ont visité ce groupe situé dans une
vallée abritée de la Sierra Nevada (Comté de
Calaveras), non loin des sources du San-Antonio et
du Stanislaus, à 225 milles environ de San-Francisco. Les hauteurs de ces arbres variaient de 200 à
450 pieds anglais (61 à 138 mètres), et leurs cir-
conférences à la base de 9 mètres et demi à 29 mètres
(10 à 30 pieds anglais de diamètre) (1).

Un certain nombre de récits anecdotiques, de

_____

(1) Senilis. *Pinaceæ.* — Gordon. *Pinetum.*

Voir aussi dans le journal californien *le Pacific*, la notice
historique et pittoresque de M. Jules Rémy sur ces Washingtonias, notice reproduite par M. Carrière dans la nouvelle
édition de son savant *Traité*, publiée depuis la mise sous
presse de cet opuscule.

légendes, dirions-nous volontiers, ont cours au sujet de ces rois du règne végétal.

On raconte que les premiers explorateurs qui
voulurent se procurer de la graine de nos mammouths, durent — excellents tireurs qu'ils étaient
fort heureusement — en détacher les cônes à coups
de leurs fusils chargés à balle ; ni Indiens, ni
Yankees, ni Européens, ne pouvaient parvenir à
grimper sur des arbres dont les proportions gigantesques défiaient toute agilité, toute adresse et
toute force humaines ; il n'était pas non plus d'é-
chelle qui fût de taille à atteindre seulement aux
premières branches. Il fallut donc recourir aux
projectiles, et à des projectiles lancés avec une
force suffisante. Dire combien il fut brûlé de poudre aux... strobiles et lancé de balles dans l'espace
avant que le premier cône fut atteint, n'est point
notre affaire ; nous laissons au lecteur le soin de
le conjecturer.

Un touriste, dit-on, voyageant à cheval dans les
gorges de la Sierra Nevada, s'égara dans une sombre
forêt vierge. Engagé dans un fourré inextricable,
ne pouvant presque plus avancer ni reculer au milieu des lianes croisées et enchevêtrées qui lui bar-
raient le passage, il finit par reconnaître un assez
grand espace obscur, mais vide, vers lequel il di-

rige ses efforts et où il parvient à se dégager ; le voilà avec sa monture, l'une portant l'autre, à l'entrée d'une sorte de conduit souterrain, à l'autre extrémité duquel se montrait une faible lueur. Il fit avancer son coursier dans cette direction, et marchait depuis assez longtemps déjà, quand il s'aperçut que la caverne se rétrécissait en même temps que le jour se montrait plus nettement du côté où il tendait ; bientôt il met pied à terre, et précédant son cheval qui suit, tenu par la bride, il sort de son prétendu souterrain, se trouve dans une vaste clairière de la forêt, et reconnaît qu'il vient de parcourir dans toute sa longueur le tronc creux d'un arbre monstrueux, tombé sans doute de vétusté, qui lui a fourni une sorte de tunel végétal pour sortir du noir et impénétrable fourré dans lequel il s'était imprudemment engagé. — Cet arbre colossal n'était autre qu'un Séquoïa Gigantesque.

A San-Francisco, on tapissa l'intérieur de l'écorce coupée à la base d'un Gigantabies Cupressifolia sur 21 pieds de longueur ; le diamètre de cette salle circulaire était de 30 pieds ; on y mit un piano, des siéges, et l'on y donna un concert auquel quarante personnes purent assister. Une autre fois, un bal enfantin y fut organisé, et cent qua-

rante marmots y prirent joyeusement leurs
ébats (1).

Les branches du Washingtonia sont nombreuses,
disposées régulièrement et abondamment ramifiées.
Les jeunes rameaux sont cylindriques, un peu pendants ; les plus petits sont d'un vert clair et revêtus d'un feuillage très-glauque, tandis que les
plus forts, de même que ceux qui portent les chatons mâles ou les cônes, sont recouverts de feuilles
d'un vert un peu plus foncé et très-régulièrement
imbriquées. Les autres feuilles sont également
squamiformes, mais plus étroitement appliquées sur
les rameaux, et tellement unies à l'écorce qu'il
n'est pas possible de distinguer le point où finit

---

(1) « Un Sequoïa Gigantesque, dit la *Revue horticole* du
1er mars 1864 (p. 84, chronique), vient d'être abattu récemment en Californie. Sa hauteur, d'après le *Gardener's-Chro-
nicle*, était de 107 mètres, et sa circonférence de 27 mètres.
Dans quelques endroits, son écorce avait 1 mètre 20 d'é-
paisseur. Il contenait 675 mètres cubes de bois, lequel était
sain et solide. On estime que l'arbre était âgé de 3,100 ans. »
Nous avons dit, au sujet du Sequoïa taxifolia, que la sup-
putation de l'âge par les couches concentriques du bois pouvait fort bien, ici, n'être pas une indication assurée. Mais
en admettant une moyenne de deux couches ligneuses par
an, on aurait toujours pour l'âge de l'arbre en question un
total de 1,550 ans, ce qui n'est pas à dédaigner.

celle-ci et où commencent celles-là (fig. 16). L'é-
corce, du reste, est, dans les pousses nouvelles,

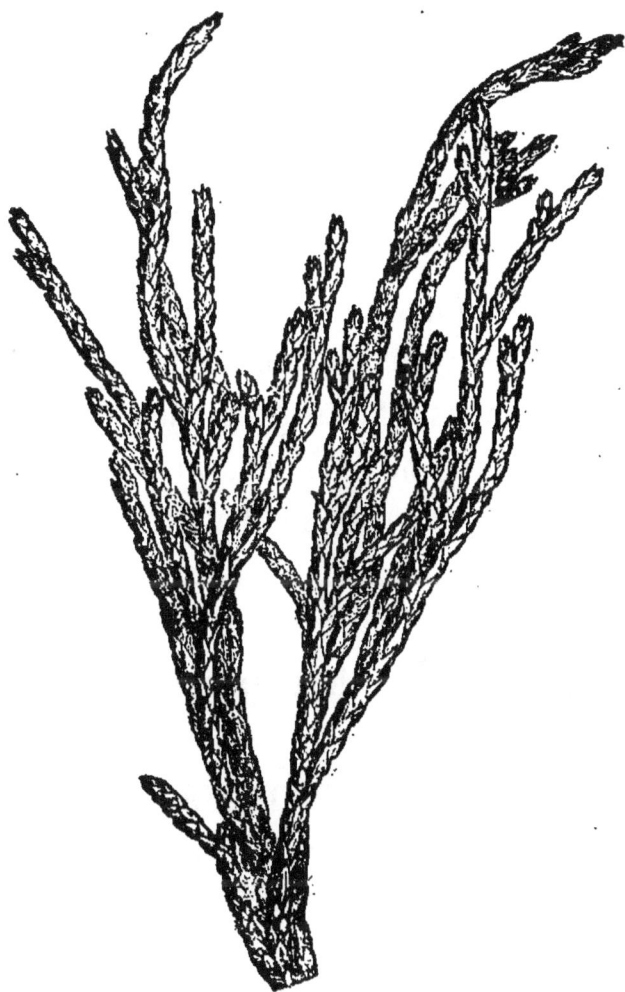

Fig. 16. Jeune rameau de Washingtonia
ou Gigantabies Cupressifolia.

complétement recouverte par les feuilles; l'année
suivante elle commence à se montrer entre ces der-

nières; elle devient de plus en plus visible à partir
de la troisième année, et vers cinq ou six ans elle
laisse peu à peu tomber ces organes, qui ne dispa-
raissent pas sans laisser à leurs points d'insertion des
cicatrices par suite desquelles elle devient légèrement rugueuse. Le long de la tige des jeunes
arbres, les feuilles, avant de tomber, s'allongent
beaucoup, et parviennent quelquefois jusqu'à 20 ou
25 millimètres.

La ramification puissante du Gigantabies à feuilles
de cyprès forme une *pyramide* d'une régularité
parfaite, et jamais plantureuse ramure d'arbre à
stature gigantesque ne fût mieux nommée; car, à la
forme de ces montagnes artificielles que dans la
nuit des temps créèrent les Pharaons, elle joint des
dimensions et un âge qui ne seraient point trop dé-
placés en regard de ces pierreux témoins des siècles
bibliques. L'écorce du tronc est épaisse, et atteint
moyennement 40 à 50 centimètres dans les arbres
adultes; elle est spongieuse, profondément et longitudinalement gerçée, et offre la plus grande analogie avec celle du gigantabies à feuilles d'if. Sa
couleur, d'un brun-rouge, forme le plus agréable
contraste avec la verdure pâle et d'un glauque
tendre qui est celle du feuillage.

Les cônes sont, comme ceux du taxifolia, solilaires à l'extrémité de courts ramules, avec une forme ovoïde plus accentuée (fig. 17); leurs dimensions varient de 35 à 45 millimètres dans le sens de la longueur, et de 25 à 30 dans la plus grande largeur. Leur apparition sur les jeunes arbres est également précoce.

Le bois du Cupressifolia offre un grande analogie avec celui de son congénère; il a, dans les arbres fraîchement coupés, une teinte blanchâtre qui rougit au contact de l'air, et arrive presque à la nuance de l'acajou; il est doux et léger, d'un grain fin et susceptible d'un beau poli. D'après l'auteur du « Handbook » les qualités de ce bois ne seraient pas considérables d'ailleurs: il aurait la fibre

Fig. 17.
Cône de Washingtonia porté
sur son ramule.

courte, légère et molle, serait poreux et fragile, peu résineux et peu balsamique.

Mais les observations et les expériences sont encore trop peu nombreuses pour qu'on puisse rien

affirmer de positif et d'absolu à cet égard (1). D'ailleurs, le bois de nos deux Gigantabies fut-il médiocre, cette infériorité serait compensée par sa
grande quantité et la rapidité avec laquelle il se
produit. Car, en un terrain favorable, la croissance
du Séquoïa à-feuilles-de-cyprès ne le cède que peu à
celle du séquoïa à-feuilles-d'if, et il n'est pas sans
exemple qu'on lui ait vu fournir des pousses de un
mètre dans une seule année, surtout dans des climats humides et brumeux, en des terrains marécageux dans la composition desquels entre la silice ;
ce sont là les climats et les sols, qu'à l'inverse
de l'autre Gigantabies, préfère le Washingtonia
que l'on voit parfois plonger, sans en souffrir,
ses racines dans des eaux courantes ou même
stagnantes. Du reste il n'est pas exclusif, et sauf
quelques différences dans la rapidité de sa croissance, sa rusticité paraît le mettre à l'épreuve de
toute terre et de toute atmosphère ; il ne craint rien
de la gelée et réussit à toutes les expositions ; pour
lui, pas n'est besoin de rechercher les massifs, les
abris, les aspects favorables : en plaine, en vallée,
en coteau, au nord, au sud, au soleil, à mi-ombre,
en terre argileuse, siliceuse ou calcaire, il réussit

(1) M. Carrière, dans la nouvelle édition de son *Traité*,
affirme que ce bois est d'une longue conservation.

partout. Mais une condition qu'il exige impérieuse-
ment, c'est un sol assez profond pour y enfoncer à
l'aise ses puissantes racines. Il ne supporte pas non
plus la mutilation de celles-ci, et paraît, à cet égard,
plus exigeant encore que la plupart des autres conifères ; aussi sa transplantation demande-t-elle de
grands soins et de grandes précautions ; il faut éviter
de la faire par un temps froid, mais choisir la fin du
printemps ou le commencement de l'automne, et ar-
roser abondamment.

La propagation du Séquoïa Gigantesque doit se
faire surtout par semis et plantation, mais avec
toutes les précautions qu'enseigne l'horticulture,
car la graine en est rare et chère. Cependant la
grande précocité des arbres de ce genre permet
d'espérer qu'elle sera bientôt plus abondante. On
peut aussi faire des boutures ; mais souvent les sujets ainsi obtenus, après avoir brillamment végété
pendant dix ou douze ans, se dégarnissent peu à
peu, et s'ils ne périssent pas, deviennent chétifs et
mal venants.

Le Gigantabies Cupressifolia ne drageonne point
et ne pousse pas sur le vieux bois et sur la souche,
comme son congénère *à-feuilles-d'if*. Il ne supporterait pas non plus, comme ce dernier, un ombrage
très-épais et un abri trop prolongé.

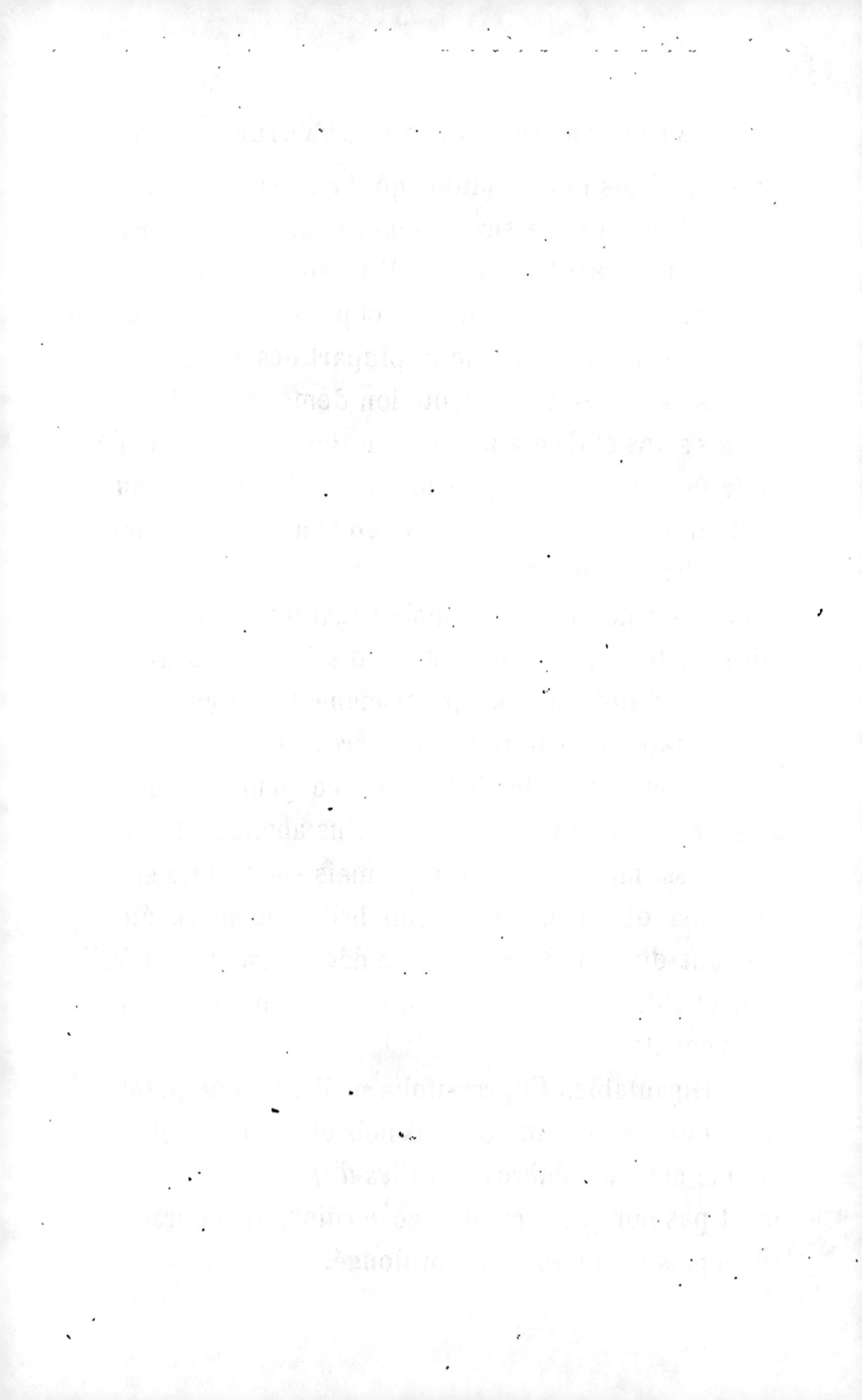

CHAPITRE II

ORDRE III.

LES CUPRESSINÉES.

CARACTÈRES GÉNÉRAUX.

Section première. — TAXODINÉES.

Observations générales. — 1er genre : **Taxodium ;** monographies de quatre espèces. — 2e genre : **Glyptostrobe :** simple mention. — 3e genre : **Cryptomeria ;** une seule espèce, *Japonica.*

Section deuxième. — CUPRESSINÉES proprement dits. (C. veræ.)

Observations générales. — Genre : **Cyprès ;** monographies de quatorze espèces.

Section troisième. — THUYOPSIDÉES.

Observations générales. — 1er genre : **Thuya ;** monographies de quatre espèces. — 2e genre : **Thuyopsis ;** une seule espèce, *Dolabrata*. — 3ᵉ genre : **Fitz-Roya** ou **Cuprestelle**; une seule espèce, *Japonica*.

Section quatrième. — ACTINOSTROBÉES.

Observations générales. — 1ᵉʳ genre : **Libocèdre**; monographies de trois espèces. — 2ᵉ genre : **Callitris**; une seule espèce, *Quadrivalvis.*— 3ᵉ genre : **Actinostrobe**; une seule espèce, *Pyramidalis*. — 4ᵉ genre : **Widdringtonia**; intérêt spéculatif qui s'attache aux quatre ou cinq espèces de ce genre. — 5ᵉ genre : **Frénèle**: simple mention.

Section cinquième. — JUNIPÉRINÉES.

Observations générales. — Genre **Genevrier** : trois groupes et treize espèces.

CARACTÈRES GÉNÉRAUX.

Parmi un assez grand nombre d'arbres élevés, les Cupressinées comprennent aussi des arbres de *troisième grandeur* (c'est-à-dire dont la hauteur ne dépasse pas 12 à 15 mètres), des arbrisseaux, et même quelques arbustes. Nous n'y retrouverons plus la disposition verticillée des branches si caractéristique chez les abiétinées ; la forme pyramidale n'y est pas constante et lorsqu'elle a lieu c'est le plus souvent sous un aspect étroit et élancé qui rappellerait davantage l'obélisque que la pyramide proprement dite. Le tronc, chez plusieurs genres de Cupressinées, se partage souvent dès la base et forme par ses ramifications une sorte de colonne de verdure assez fréquemment plus large vers le sommet que vers le pied. Quelques espèces ont même la faculté de donner des rejets sur le vieux bois, particularité que nous n'avons jusqu'ici rencontrée d'une manière certaine que chez le Gigantabiès taxifolia.

Les feuilles des Cupressinées sont tantôt aciculaires, piquantes même, tantôt et beaucoup plus souvent en forme de très-petites écailles étroitement appliquées contre des rameaux et des ramules divisés et subdivisés à l'infini, de telle sorte qu'il n'est jamais possible de préciser le point où finit le rameau et où commence la feuille. Aciculaires, squamiformes, les feuilles de certains Cupressinées sont aussi...

(Madame, excusez-moi, c'est encore un mot grec!)

polymorphes (1) : c'est-à-dire qu'elles prennent successivement plusieurs formes, comme dans le genevrier de Virginie, par exemple, où aciculaires et piquantes pendant les premières années et souvent sur de jeunes rameaux d'arbres plus âgés,

(1) πολύ (*Polu*) beaucoup, pour plusieurs; et μορφή (*Morphè*) forme.

elles ne tardent pas à devenir sur la masse du sujet complétement squamiformes et imbriquées.

Les fleurs, quelquefois dioïques, sont plus souvent monoïques, mais sur des rameaux différents.

Les cônes nous représentent la série intermédiaire entre les deux formes extrêmes des fruits de la grande classe des arbres assez improprement appelés *conifères*. Vrais strobiles encore sur les cyprès, les taxodiums, les thuyas, etc., par la forme et la consistance coriace et ligneuse de leurs écailles, ils deviennent chez les genevriers, par la constitution charnue des mêmes organes soudés par leurs bords, de véritables baies. Aussi l'auteur anonyme du « *Handbook* », voulant réserver le nom de *conifères*, aux seuls « Pinacées (2) » qui portent de vrais cônes, et donner aux autres, dont les fruits sont en drupes ou baies, le nom de *baccifères*, a-t-il été obligé de dédoubler une famille des arbres résineux qui ne l'avait jamais été jusque-là : il a fait du genre genevrier un ordre *Junipérinée* dans sa grande division des Pinacées baccifères, les autres Cupressinées formant un ordre de la division des Pinacées conifères. Peut-être ce classement

---

(2) Le mot *Pinacée* a, dans le « *Handbook* » de Senilis, le même sens que pour nous le mot *Conifère*, et ce dernier y prend une signification plus restreinte.

est-il le plus rationel : déjà on avait, avant lui, non pas à la vérité séparé des cupressinées les genevriers, mais formé de ce dernier genre une section spéciale sous le nom de *Junipérinées*.

Ce qui paraît certain, c'est que les Cupressinées font, par les Junipérinées, la transition entre les conifères et les baccifères.

SECTION PREMIÈRE.

TAXODINÉES.

La place des Taxodinées semble assez naturellement indiquée à la suite des Séquoïas terminant dans l'ordre précédent l'échelle de transition entre les abiétinées et les cupressinées. Les Taxodinées sont effectivement voisins, sous plus d'un rapport, des gigantabies; voisins à d'autres égards des Cupressinées proprement dits avec lesquels ils partagent les caractères généraux de l'ordre, ils forment ainsi un trait d'union entre les Séquoïas et les Cyprès.

Les cônes des Taxodinées ont leurs écailles *peltées*, c'est-à-dire, un peu en forme de bouclier avec leur point d'insertion situé du côté de la face intérieure. Leurs feuilles sont alternes et linéaires.

PREMIER GENRE. — TAXODIUM.

Le nom du genre Taxodium est tiré des mots grecs τάξος (*taxos*), if, et εἶδος (eidos), forme ; il signifie donc *forme* ou *aspect de l'if*, ce qui n'a rien d'inexact. Il a en outre une allure latine qui, sans être en même temps française, ne répugne cependant point trop au génie de notre langue ; on peut donc l'absoudre. Que n'en pouvons-nous dire autant de bien d'autres noms que la grécomanie nous oblige à employer souvent dans le cours de cet opuscule !

Les feuilles du Taxodium ont une grande analogie de forme avec celles du séquoïa ou gigantabies *laxifolia*, c'est-à-dire *à feuilles d'if*, que plusieurs auteurs rangent même dans ce genre et appellent *taxodium sempervirens*, par opposition aux autres taxodiums dont la plupart ont leurs feuilles caduques. Les cônes sont globulaires, ligneux, avec une surface unie ; leurs écailles sont disposées en spirale, épaisses, renflées vers le centre et si faiblement adhérentes entre elles que la moindre pression des doigts suffit à les disjoindre ; elles portent à leur base deux graines de consistance ligneuse et de forme peu régulière.

Les feuilles séminales sont au nombre de cinq à neuf.

La floraison est monoïque.

I. Taxodium cyprès chauve ou Distique, (Taxodium cupressus Decidua vel Disticha). — 1640.

Cyprès de Virginie, Cyprès Américain, Schubertia Distique, Cyprès de la Louisiane, Cyprès Blanc (White Cypress), Cyprès Noir (Black Cypress), Cuprespinnate Distique.

Ce sont les plaines humides de la Louisiane, de la Floride, de la Géorgie, de la Virginie, de la Caroline, du Maryland et de la Floride, et les sinuosités fangeuses des rivières qui les traversent et que l'on appelle *Cypress Swamps, marais des Cyprès*, qui paraissent être la patrie du Taxodium Distique où Cyprès Chauve. On le trouve aussi dans les parties mouilleuses des plateaux tempérés du Mexique à une altitude moyenne de 2,000 mètres, et aussi, d'après John Senilis, dans les marais de la Chine.

Dans ces situations il occupe quelquefois des milliers d'hectares, son tronc est couvert d'eau pendant plusieurs mois, et quelquefois jusqu'à 3 mètres environ au-dessus de la base. Il aime les marais les plus profonds, les plus sombres et les plus inondés. Cette situation au milieu des eaux, dans

des terrains tourbeux et sablonneux, est celle qui
lui convient davantage ; sa végétation est beaucoup
moindre dans les marais à base d'argile (1). Une
des particularités de cet arbre est de donner naissance à des racines secondaires qui rampent presque horizontalement à la surface du sol, d'où s'élèvent des excroissances ou exostoses en forme de
cônes atteignant de 0^{m}30 à 1^{m}50 de hauteur. Dans
la Louisiane, les habitants s'en servent comme de
ruches (2).

« Ces protubérances, dit M. Carrière, ne produisent jamais ni bourgeons, ni feuilles ; elles sont
couvertes d'une écorce rousse ou brunâtre semblable à celle de la tige, et ne commencent à
paraître que lorsque les arbres ont atteint 8 à 12
mètres. Quelquefois même elles ne se montrent
que beaucoup plus tard... Dans le parc de Fontai-
nebleau, des *Taxodium Distichum* placés dans le
voisinage d'une rivière et de dimensions peu considérables encore, ont des protubérances nombreuses ;
les unes forment dans l'eau et le long des rives
une sorte de mur naturel ; les autres, s'étendant à
8 ou 10 mètres de distance, sont tellement abon-

---

(1) De Chambray. *Traité pratique des Conifères*
(2) De Mortiliers. *Conifères de pleine terre.*

dantes qu'il est impossible de faucher la prairie qu'elles ont envahie (1). »

Un phénomène analogue a lieu sur les Taxodiums du jardin de Trianon à Versailles.

D'après Michaux, ces excroissances, dont le sommet est lisse, sont toujours *creuses à l'intérieur*, ce qui explique comment elles peuvent faire office de ruches. Leur texture ligneuse, qui est très-tendre, est la même que celle des racines.

Le Cyprès chauve possède encore, lorsqu'il est arrivé à de fortes dimensions, une autre particularité non moins remarquable : le tronc s'élargit brusquement vers le pied, de manière que la tige paraît portée sur un vaste cône dont la base, au joignant du sol, a trois ou quatre fois la grosseur du corps de l'arbre.

« C'est ce qui fait, dit Michaux, que les nègres chargés d'abattre ces cyprès, sont obligés d'élever des échafaudages au-dessus de terre pour les couper à l'endroit où le tronc commence à prendre une grosseur uniforme. Ils acquièrent, au-dessus de ce point, 40 mètres d'élévation sur 8, 10 et 12 mètres de circonférence au-dessus de leur base conique. Celle-ci, ordinairement creuse dans les trois quarts de son volume, n'a pas une forme pyramidale par-

(1) *Traité général des Conifères.*

faitement régulière ; elle présente, à la surface, de
larges sillons, dont les parties saillantes sont inté-
rieurement comme autant de crampons destinés à
fixer cet arbre dans le terrain qui a peu de consistance (1). » ᾽

Nous avons dit, en traitant du genre, que les
feuilles du Taxodium ont une grande analogie avec
celles du séquoïa sempervirens. C'est surtout dans
le Taxodium Distique qu'on remarque cette analogie. Chez ces deux arbres, elles rappellent par
leur forme celles de l'if ou du sapin communs, et
sont comme elles aciculaires, aplaties, étalées à
plat des deux côtés du rameau — mais presque toujours sur rang simple — et souvent plus longues
vers le milieu de ce rameau qu'à ses extrémités
(fig. 18). Là s'arrête la ressemblance : les feuilles du
Cyprès Chauve sont d'un vert tendre et uniforme
sur les deux faces, et elles sont caduques, tombant
à chaque hiver après avoir revêtu pendant l'automne des tons rougeâtres d'un effet tout pittoresque
à la suite de la couleur vert tendre qu'elles ont
offert à l'œil pendant l'été ; leur consistance comme
leur teinte estivale sont analogues à celles des
feuilles du mélèze.

(1) Michaux (cité par de Chambray). *Histoire des arbres
forestiers de l'Amérique sept.*, tome III.

Introduit en 1640 dans les jardins des environs de Londres, nous apprend Bosc (1), le Taxodium Cyprès chauve s'est peu à peu répandu dans toutes les contrées de l'Europe; on le trouve bien venant aux environs de Vienne et de Turin ainsi qu'en Lombardie, dans le midi et le centre de la France comme sous le climat de Paris, en Prusse et en diverses parties de l'Angleterre où ses fruits, assure Miller, arrivent quelquefois à maturité. Malheureusement, ce n'est que dans des parcs et des jardins qu'on le rencontre; d'immenses quantités de graines en avaient cependant été envoyées en France par Michaux et, en 1748, par le comte de Galissonière, mais comme on ignorait qu'il fallut leur donner un terrain essentiellement mouilleux, on en perdit la

Fig. 18. Ramille de Cyprès chauve, chargée de ses feuilles.

(1) Bosc et Baudrillard, *loc. cit.*

majeure partie introduite dans des sols qui ne rem-
plissaient pas cette condition. Partout où le Taxodium a été, dans nos climats, planté en fonds
marécageux ou au moins humide, il a très-bien
réussi. On peut donc le considérer comme natura-
lisé, et il serait temps, croyons-nous, de chercher
à tirer de cet arbre le parti avantageux que promet
une espèce qui ne demande que l'eau stagnante des
marais pour prospérer et prendre son développement normal.

« Le bois du *Cyprès Distique* n'est pas dur, mais
il possède tant d'autres qualités, qu'il peut se passer de celle-là. On en fabrique des bateaux d'une
seule pièce, qui peuvent porter trois à quatre milliers. Il s'emploie dans la charpente des maisons et
des navires. On en tire des planches, du merrain,
des échalas, etc. Il est incorruptible à l'air et dans
l'eau. Sa couleur est rougeâtre, veinée de blanc et
de brun ; son grain fin. La résine qu'il contient est
peu abondante ; elle est employée en médecine (1) ».

« Il joint à une grande solidité, dit M. Carrière,
une élasticité considérable... On en exporte annuellement une grande quantité aux Antilles. S'il
ne jouit pas des mêmes avantages en France qu'aux
États-Unis, il est probable cependant qu'il donne-

(1) *Diction. de la cult. des arb.*, au mot *Cyprès distique.*

rait d'assez beaux produits si on le cultivait dans les terrains fangeux et chauds de la France méridionale, soit dans la Camargue, soit dans les endroits les plus humides des landes de Bordeaux.

« Comme arbre d'ornement, le Taxodium Distique présente d'autres avantages : il a le mérite d'être très-rustique et de supporter facilement nos hivers les plus froids. Planté près des étangs, il en orne admirablement les rives et produit, par son feuillage aussi léger qu'élégant, le plus agréable effet (1). »

On prétend que plongée pendant trois heures dans une infusion bouillante de feuilles de notre arbre, la laine se colore en une brillante couleur de canelle d'un teint riche et solide. L'écorce, quoiqu'elle soit d'un beau rouge, n'aurait pas cette propriété des feuilles (2).

Semées en terre de bruyère, soit dans des pots fréquemment arrosés, soit sur un fond à humidité stagnante, les graines lèvent dans un laps de six semaines à deux mois. Le châssis ou la cloche ne leur sont point nécessaires, mais il est bon de leur choisir un lieu abrité et d'attendre, avant de les répandre, que l'époque des fortes gelées du premier

(1) Carrière, *Traité général des Conifères.* 1855,
(2) Loisel.-Del. *Nouv. Duham.*

6

printemps soit passée sans retour. Une fois sorti de
terre, le jeune plant croît avec vigueur et rapidité ;
il n'est pas rare qu'en quelques mois il atteigne 30
à 40 centimètres de hauteur. Quelquefois les insectes
dévorent la cime naissante entre les feuilles séminales ; mais pour peu que ces dernières ne soient
pas à leur tour complétement détruites, deux ou
trois cimes nouvelles ne tardent pas à se former
sur l'emplacement de l'ancienne. L'aoûtement n'a
lieu qu'avec une certaine lenteur : en sorte que les
brins qui auraient levé tardivement et même l'extrémité de la cime de presque tous, risquent fort
d'être victimes des premières gelées d'automne.
Malgré cela, si le jeune plant est bien garanti contre
les vents froids, principalement contre celui de
l'Est, et disposé de manière à n'être pas frappé par
les rayons du premier soleil levant, il traversera
sans difficulté les épreuves que pourra lui faire subir
l'inclémence des saisons. Le point très-important
est que le pied du Taxodium, jeune brin ou grand
arbre, plonge toujours dans une terre essentiellement humide. Dans les divers sujets de tout âge
qu'il nous a été donné d'observer et d'étudier, nous
avons toujours été frappé de ce fait que la vigueur
et la rapidité de la végétation étaient constamment
en raison directe non-seulement du degré d'humi-

dité du sol mais encore de la puissance de stagnation de cette humidité. Dans un terrain saturé d'eau il étale ses racines et les trace au loin pour former les exostoses dont nous avons parlé. Planté dans un sol doué d'une humidité ordinaire mais profond et dont la fraîcheur, par conséquent, augmente avec la profondeur, le Taxodium Distique pivotera de toutes ses racines ; mais si ces dernières n'ont pas encore gagné une région du sous-sol où elles soient assurées de trouver une humidité permanente et qu'il survienne une année de sécheresse, le jeune arbre périra infailliblement. En tout cas il n'aura jamais qu'une végétation faible et maladive.

Les indications de l'alinéa qui précèdent résultent principalement de nos observations personnelles. Mais comme elles ne se trouvent contredites par aucun des auteurs qui parlent du Taxodium nous avons cru pouvoir les donner telles qu'elles nous ont apparu.

Variétés.

Nous ne ferons que nommer les variétés *Patens* et *Nutans* ou *Pendula* (1) qui se distinguent, la première par des feuilles plus rapprochées, plus strictement distiques, la seconde au contraire par

(1) Gordon.

des feuilles plus longues, plus distantes, plus lâches et par des ramilles retombantes.

Il suffira également de nommer les variétés *Fastigiée* ou *Pyramidale panachée* et *Naine* pour indiquer en quoi elles diffèrent de l'espèce.

Quant à la variété *Intermédiaire* (Intermedia, *Carrière*), « elle se distingue de l'espèce par la conformation, et surtout par la disposition de ses feuilles, squamiformes, imbriquées ou appliquées sur des ramules flagelliformes longuement étalés et pendants, qui donnent à ceux-ci l'aspect de cordes. »

Cette variété a quelque analogie avec la variété *Pendula*, mais elle est beaucoup plus vigoureuse, plus nourrie et plus chargée de rameaux.

2e GENRE — GLYPTOSTROBE.

Le genre Glyptostrobe est-il bien différent et bien distinct du genre Taxodium ? Endlicher et après lui M. Carrière et sir Gordon l'ont pensé ; MM. Knight et Perry paraissent révoquer la chose en doute ; et l'auteur du « *Handbook* » n'hésite pas à faire du *Glyptostrobe Hétérophylle* l'une des espèces de son *Cuprespinnate*, nom qu'il donne à notre genre *Taxodium*.

Comme la seule espèce, ou tout au plus les deux

espèces dont on a composé ce deuxième genre n'ont pour nous qu'une importance des plus secondaires, nous laissons volontiers la question indécise.

Le nom de Glyptostrobe est tiré du grec, suivant la règle obligée ; il vient de Γλυπτὸς (*Glyptos*) sculpté, relevé en bosse, mot auquel on a ajouté le terme *strobe* dont nous avons vu l'étymologie en traitant du Pin de lord Weymouth (1), mais qui doit être pris ici pour *Strobile*. Cette dénomination fait allusion à la forme des cônes, composés d'écailles épaisses, inégales, naissant toutes du même point, et portant une petite protubérance pointue vers le sommet.

Vu leur insignifiance nous nous bornerons à nommer purement et simplement le Glyptostrobe *Hétérophylle* ou *Porte-noix* (Nucifera), appelé aussi *Genevrier Aquatique*, et le Glyptostrobe *Pendant* (Pendula) ou *de la Chine*, qui a les feuilles caduques et que l'on présume être en réalité un taxodium.

3ᵉ GENRE. — CRYPTOMÉRIA.

Cryptoméria signifie en français *partie cachée* ; (Κρυπτός, *cruptos*, caché : Μέρος *meros*, ou Μερίς

(1) T. I, p. 290.

meris, portion, partie). Mais que signifie la signification ? Nous ne nous chargeons pas de l'expliquer.
« Voilà pourqnoi votre fille est muette ! » — il faut
souvent en revenir là.

Les fleurs, en ce genre, sont monoïques mais sur
rameaux séparés. Les chatons mâles sont réunis
par grappes ou épis à l'extrémité des ramilles, et les
femelles, solitaires ou réunies par groupes de deux
ou trois, et terminales ; elles donnent lieu à de petits cônes globulai-
res, ligneux et dont
les écailles sont
doublées de brac-
tées qui leur sont
adhérentes ; sous
chacune de ces der-
nières se cachent
trois à cinq graines
très-petites dont le
tégument crustacé
se prolonge en
membrane ailée de
chaque côté.

Fig. 19. Rameau réduit de Cryptoméria
du Japon.

Le nombre des feuilles cotylédonaires est de deux
à cinq et plus ordinairement de trois.

Les feuilles normales sont linéaires, falquées,

disposées sur cinq rangs distribués régulièrement,
et sous un angle assez aigu, autour des rameaux ;
plus larges et plus épaisses à la base, elles décrois-
sent insensiblement jusqu'à leur sommet qui est
acuminé, et sont dépourvues de pétiole. Elles persistent pendant plusieurs années (fig. 19).

ESPÈCE UNIQUE.

CRYPTOMÉRIA DU JAPON. (C. Japonica). — 1844.

Dans les proportions ordinaires de nos arbres de
première grandeur (20 à 30 mètres de hauteur) le
Cryptomeria du Japon, comme aspect général et
comme ensemble, nous représente le diminutif, la
miniature du gigantabies cupressifolia. Il a comme
lui une tige droite et recouverte d'une écorce gerçée et spongieuse, des branches largement étalées dont les plus basses s'inclinent d'une manière
plus ou moins accentuée sous leur propre poids,
une verdure d'un glauque vif et clair qui, pendant
l'hiver, devient brune ou jaunâtre ; la ramification,
irrégulière quant au mode d'insertion des branches
sur le tronc, n'en forme pas moins la pyramide,
mais une pyramide interrompue par places lorsque
de longues pousses annuelles n'ont revêtu qu'un
petit nombre de rameaux adventifs.

Par la forme de ses feuilles, décrites plus haut et qui rappellent celles de l'araucaria géant, le Cryptoméria s'éloigne davantage du washingtonia. Leur longueur varie des vieux aux jeunes rameaux; de 5 à 6 millimètres sur ces derniers, elles en atteignent 14 à 16 sur les premiers. Leurs cônes ne dépassent pas la grosseur d'une cerise ; leur couleur est d'un brun terne: ils se montrent en grande abondance et sur de très-jeunes sujets.

On avait cru pouvoir conclure de la nature charnue et spongieuse des racines que le Cryptoméria craignait les sols humides et préférait les terres siliceuses et légères. Il nous semblait que la conclusion inverse eût été plus naturelle ; il paraîtrait qu'elle est également plus vraie. « J'ai perdu mon temps et mes soins pendant plusieurs années, dit M. le marquis de Vibraye, à vouloir faire du *Cryptoméria Japonica* l'arbre des terrains siliceux et des sols arides. On semblait ignorer, et moi tout le premier, qu'il peuplait dans son pays natal des sols humides et basaltiques, et que probablement chez nous il conviendrait aux bas-fonds marécageux et tourbeux... »

C'est en effet dans les sols humides des montagnes de Nangasaki, du sud du Japon et des environs de Shang-Haï en Chine, à une attitude maxima

de 400 mètres, que le cryptoméria croît, soit spontanément soit à l'état cultivé. Il a été observé pour
la première fois en 1784, par le professeur Thumberg qui l'a décrit sous le nom de *Cèdre du Japon*,
dénomination approuvée par Siebold dans sa *Flore
japonaise*. C'est en 1846 seulement qu'il a été importé par M. Fortune en France et en Angleterre.

Un soleil trop ardent et, aux premiers feux du
jour, les froides bises d'automne sont également
funestes au Cryptoméria. Sous ce dernier rapport
il offre une certaine similitude avec le Gigantabies
à feuilles d'if ; c'est-à-dire que placé en sol frais
et dans une situation un peu abritée, il croît sans
interruption jusqu'aux premiers froids qui surprennent alors l'extrémité tout herbacée encore de
ses jeunes rejets dont la longueur atteint parfois
60 centimètres et plus pour une seule saison.

Le bois est tendre et très-blanc, d'un travail
facile, mais de peu de durée à moins qu'il ne soit
bien sec ou préservé par la peinture. Du reste, la
rapidité de la croissance du Cryptoméria en sol humide ou au moins frais et convenablement abrité
compense en partie cette infériorité du bois ; et
sous le rapport de la beauté de son aspect, l'arbre

n'a rien à envier à la plupart de ceux que nous avons préconisés à ce point de vue.

Variétés.

La variété *Viridis* ou de *Lobb* diffère de l'espèce par un vert beaucoup plus brillant *qui ne change pas en hiver*, des branches plus courtes, plus raides, plus ramassées. On la dit plus rustique et moins sensible aux premiers froids.

Les variétés *Naine*, *Panachée*, *Araucaroïde* n'ont qu'un intérêt de curiosité.

SECTION DEUXIÈME.

Cupressinées proprement dits.

(Cupressineæ veræ.)

Verdure d'un aspect sombre et funèbre, tiges flexibles et que ployent à leurs caprices aussi bien les zéphyrs des beaux jours que les rafales de la tempête, branchage peu étalé mais au contraire dressé ou *fastigié* contre le tronc, telle est dans leur ensemble la description des arbres de la section des *Cupressinées proprement dits*. En d'autres termes, la teinte épaisse du feuillage du sapin, la forme élancée du peuplier d'Italie, une flexibilité qui s'éloigne plus encore de la majestueuse impassibilité du chêne qu'elle ne s'identifie avec la mouvante allure du roseau, voilà des caractères auxquels l'œil le moins exercé distinguera sans peine les *Cupressinées vrais* des conifères des sections voisines, à plus forte raison des arbres verts des autres ordres.

Les feuilles sont persistantes, squamiformes, étroitement imbriquées et couvrent entièrement les rameaux.

Les fleurs sont monoïques sur des rameaux différents. Les cônes sont presque sphéroïdes ; ils s'ouvrent par la séparation des écailles, implantées autour d'un centre commun comme des clous dont elles rappellent la forme.

GENRE CYPRÈS.

Le Cyprès a été connu de toute antiquité, et le plus ancien des livres, la *Bible* le mentionne en plusieurs endroits : « Les solives de notre demeure sont en bois de cèdre, chante le *Cantique des Cantiques*, ses lambris *en bois de Cyprès* (1). » Ailleurs il est dit, de la Sagesse divine, qu'elle est « élevée

(1) Tigna domorum nostrarum cedrina, laquearia nostra *cypressina* (Cant. cap. I, v. 16).

comme le Cyprès sur la montagne de Sion (1) »....
« Comme l'olivier qui drageonne, lit-on plus loin
dans l'*Ecclésiastique, comme le Cyprès* qui se
dresse dans sa haute stature (2)...»

Il est parlé du Cyprès dans plusieurs passages
des écrits de Pline. Virgile le mentionne à propos des
funérailles de Polydore :

Stant manibus aræ
Cæruleis mœstæ vittis *atraque cupresso* (3);

car, de toute antiquité, le cyprès fut, chez les Grecs
et les Romains, un symbole funèbre : « Vous mour-
rez, dit Horace à son ami Postumius, vous quitterez
cette terre ; il vous faudra dire adieu à votre maison, à une épouse aimée ; maître trop temporaire
vous ne serez pas suivi par vos arbres, objets
de tant de soins, si ce n'est par les lugubres
cyprès (4). »

(1) Exaltata sum quasi *Cypressus* in monte Sion. — Au
verset 17 du chap. XXIV du livre appelé l'*Ecclésiastique*, et
non dans l'*Ecclésiaste*, comme l'écrit Loiseleur-Deslongchamps, dans son *Nouveau Duhamel*; et après lui M. Carrière.

(2) Quasi oliva pullulans et *Cypressus* in altitudinem se
extollens... (*Ecclésiastique*, chap. 50, v. II.)

(3) Virgile, *Eneid.*, liv. III, v. 63-64.

(4) Linquinda tellus, et domus, et placens
Uxor: neque harum, quas colis arborum
Te, preter invisas *cupressos*,
Ulla brevem dominum sequetur.

(Odes d'Horace, liv. II, v. 21-24.)

De nos jours encore le cyprès est l'un des arbres préférés pour l'ornement des tombes et des cimetières. «C'est sans doute, dit M. Carrière, en raison de leur forme qui rappelle celle d'une flamme et de la couleur sombre de leur feuillage que ces arbres ont été, dès les temps les plus reculés, le symbole de la douleur et de la mort. Suivant Théophraste, le cyprès était consacré aux dieux infernaux (1). »

Le nom de cet arbre, provient selon les uns, du jeune et beau Cyparis, de l'île de Cos, qui fut, suivant la tradition, changé en cyprès, et selon d'autres, du nom de l'île de Chypre ou de Cypre, où le cyprès se trouve en grande abondance.

Les graines sont nombreuses sous chaque écaille, et munies chacune de deux ailes : semées en terre, elles germent avec deux ou trois feuilles séminales.

I. — Cyprès commun. (Cupressus Communis.)

Cyprès Fastigié, C. Dressé (Stricta), C. Pyramidal, C. de Tournefort, C. Femelle, C. Toujours-vert (Sempervirens), C. Ordinaire (Loisel.).

Le *Cyprès Commun* croît naturellement en Grèce, en Asie-Mineure, en Perse et sur tout le littoral

(1) Traité pratique des Conifères.

méditerranéen de l'Europe ; on le rencontre à l'état cultivé en Turquie, en Sicile, au pied des montagnes calabraises, en Espagne, et il est peu de cimetières en France qui n'en comptent au moins quelques pieds. Sa hauteur peut facilement, dans de bonnes conditions de végétation, atteindre 25 mètres et sa circonférence 2 mètres. « Sa tige droite, élancée, cannelée, est garnie de branches nombreuses, serrées et redressées, qui forment une cime étroite, allongée et pointue ; elle est revêtue d'une écorce très-mince, lisse ou superficiellement fendillée en long, d'un gris-rougeâtre. Le cyprès croît en plaine, sur les coteaux et dans les régions montagneuses inférieures, à toutes les expositions, et il se plaît dans les sols secs, légers et profonds (1). » Souvent ses rameaux affectent isolément la forme étroitement pyramidale de l'ensemble de la cime (fig. 20).

(Fig. 20.)
Rameau (réduit)
de Cyprès commun.

Le bois de cet arbre est dur, compacte, d'un grain fin et serré et d'un blanc-rougeâtre ou teinté de jaune tirant sur le brun ; il répand une odeur balsamique très-agréable qui le préserve de l'atteinte

(1) Mathieu, *Flore forestière.*

des insectes. Son emploi est très-recherché pour la charpente et la menuiserie ; sa durée, sous l'eau est presque illimitée. Les anciens regardaient ce bois comme incorruptible et l'employaient dans leur marine. Les Égyptiens ne se servaient guère que de bois de cyprès pour fabriquer les coffres destinés à la conservation des momies, et les Athéniens, selon Thucydide, l'employaient pour les cercueils de leurs héros.

Les portes de Saint-Pierre de Rome, dit Loiseleur-Deslongchamps, qui ont duré depuis Constantin jusqu'au pape Eugène IV, environ 1100 ans, étaient de bois de cyprès ; et le Souverain Pontife ne les fit enlever, quoiqu'elles fussent parfaitement conservées, que pour en substituer d'autres en airain (1).

Le tempérament du cyprès est rustique, sa croissance assez rapide, sa longévité très-grande. Les jeunes plants demandent quelque abri contre les fortes gelées.

Les cônes, de la grosseur d'une petite noix (fig. 21),

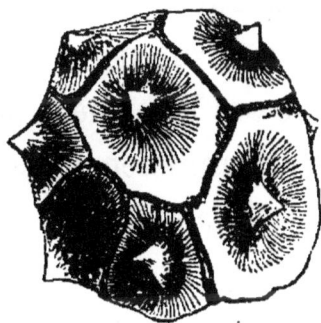

(Fig. 21.)
Cône de Cyprès commun
(grandeur naturelle.)

(1) *Nouveau Duhamel*. Il y a quelque confusion dans l'énoncé de Loiseleur Deslonchamps car la basilique de Saint-Pierre est relativement moderne, étant l'œuvre de Michel-Ange.

mûrissent en août de l'année qui suit celle de la
floraison; ils laissent échapper leurs graines en
automne ou au printemps suivant.

Variétés.

Cyprès Horizontal, d'Orient, Étalé, Mâle. Dans
l'antiquité, cette variété était considérée comme le
mâle dont l'espèce que nous venons de décrire eût
été la femelle. Ce genre de distinction n'est plus
admissible aujourd'hui que l'on s'est assuré du
monoïcisme des arbres du genre qui nous occupe.
Mais beaucoup d'auteurs considèrent le *Cyprès
horizontal* comme une espèce distincte du Pyramidal; il est certain que ces deux arbres diffèrent
beaucoup par leur aspect quand ils ont atteint un
âge avancé, car tandis que le dernier conserve sa
forme étroitement fastigiée, le premier au contraire
étale ses branches, arrondit le haut de sa cime et
perd complétement ce caractère distinctif des cyprès. Cependant il paraîtrait qu'on a pu obtenir
ces deux formes si diverses, avec des graines
provenant du même arbre. Un fait de cette nature
enlève à nos yeux toute hésitation : le Cyprès Horizontal ne peut être qu'une variété du Cyprès Pyramidal ou Commun.

II.—Cyprès Funèbre ou Pleureur (Cupressus Funebris vel Pendula). — 1848.

L'emploi, à de funèbres usages, du Cyprès dont nous venons de parler, ne doit pas permettre de le confondre avec celui auquel le mot *Funèbre* sert de nom spécifique. Ce dernier est un arbre de la Chine où il sert, il est vrai, comme chez nous le pyramidalis, à l'ornement des tombeaux.

Il se distingue surtout du précédent en ce que ses rameaux moins pressés, moins serrés contre la tige, s'étalent davantage et laissent retomber leurs extrémités en courbes pendantes et arrondies d'un effet gracieux (fig. 22). Quand M. Fortune découvrit cet arbre en 1848, dans la province de Che-Kiang, il en reçut une impression qui l'enthousiasma : il vit en lui un arbre « d'un port élégant, haut d'environ 18 mètres, ayant une tige aussi droite et aussi élancée que le pin de l'île de Norfolk, avec des branches retombant comme celles du saule pleureur de Sainte-

Fig. 22. Rameau et strobile de Cyprès funèbre.

Hélène, mais avec une plus grande élégance de
formes. — Quel pouvait être cet arbre? Il était évi
dent pour lui qu'il appartenait à la famille des
conifères, mais qu'il était le plus beau et le plus
distingué de sa famille (1). »

Des graines que le voyageur put se procurer
furent aussitôt envoyées en Angleterre et en France
où le Cyprès funèbre est maintenant assez répandu
chez les pépiniéristes. Quoique son aspect réponde
bien à la description donnée par M. Fortune, il ne
paraît pas jusqu'ici offrir ce cachet de beauté et
d'extrême élégance qui avait si fort séduit cet
explorateur, et n'a, selon nous, ni les grâces
exquises du saule pleureur ni l'originalité du cyprès pyramidal. Il est vrai que cet arbre n'a pu
être observé en Europe qu'à l'état d'arbrisseaux
dont les plus âgés ont à peine aujourd'hui dix-huit
ans, et que c'est un arbre adulte qui avait tant
charmé M. Fortune (2). Ajoutons encore qu'il varie

(1) Fortune, cité par M. Carrière. *Traité des conifères.*

(2) D'après l'un des catalogues de la maison Blondeau-
Dejussieu et Cie, horticulteurs à Beaune, il existerait dans
le commerce, sous le nom de *Cyprès funèbre*, deux arbres
fort différents, et dont l'un, peut-être le plus répandu, n'est
pas du tout celui qu'avait découvert et décrit M. Fortune;
ce dernier mériterait réellement les éloges hyperboliques
dont il a été l'objet... (??)

beaucoup dans sa jeunesse, tantôt gardant longtemps les feuilles aciculaires avec lesquelles il
prend ses premiers développements, tantôt au contraire se revêtant dès les premières années du feuillage squamiforme et imbriqué que nous avons
décrit précédemment, et qui est son feuillage normal et caractéristique.

Le Cyprès Pleureur craint les grands froids du
nord de la France, et supporte difficilement une
température inférieure à — 10 degrés.

III. — Cyprès du Népaul (Cupressus Nepalensis). 1826.

Cyprès Toruleux, C. de Caschmyr, C. de l'Himalaya.

Le Cyprès du Népaul est un bel arbre pyramidal atteignant 12 à 15 mètres, à branches nombreuses et étalées, à feuillage vert glauque ou vert-
grisâtre ; il est rustique et pousse avec vigueur (1).
Ses strobiles sont globuleux comme ceux du cyprès commun, et ont leurs écailles légèrement
bombées.

Cet arbre abonde dans le nord de l'Inde, à une
altitude de 1,200 à 2,400 mètres. Le bois, dit Gor-

(1) P. de Mortilliers. *Les Conifères de pleine terre.*

don, en est blanc teinté de rouge ou de jaune
extrêmement odorant, il est considéré comme l'é
gal du déodar pour la durée. L'écorce, d'un brun-
rougeâtre, se détache en nombreuses et longues
bandes, qui souvent paraissent s'entortiller ensemble ; d'où est venu sans doute le nom de *Toruleux* (torulosus, a : tressé, natté).

Variétés.

Cette espèce, dit M. de Mortilliers, a deux variétés intéressantes : la variété *Viridis,* qui se distingue par le joli vert de ses feuilles et de ses
jeunes rameaux, et la variété *Majestica.* Cette dernière offre dans son ensemble quelque chose de
plus vigoureux et de plus trapu que l'espèce.
Toutes deux, au reste, sont également robustes.

IV. — CYPRÈS DE PORTUGAL (Cupressus Lusitanica).
— 1683.

Cyprès Glauque, C. Pendant. C. Porte-Encens, C. de Chine ;
Genevrier de Goa, Cèdre de Bussaco.

Originaire de la chaîne des Ghates, non loin du port
de Goa, sur la côte occidentale de l'Inde, le *Cyprès
Glauque* a été introduit, au dix-septième siècle, en

Portugal, où il s'est si bien acclimaté qu'il a pris le nom de ce pays. C'est dans le jardin de l'abbaye des Carmes de Bussaco qu'il fut cultivé tout d'abord, d'où lui est venu le nom vulgaire que lui donnent les Portugais : Cèdre de Bussaco.

C'est un petit arbre de 12 à 15 mètres au plus, qui prospère encore dans le midi de la France ; mais dans les régions un peu plus septentrionales et dès les environs de Paris, il devient une plante d'orangerie et se réduit aux proportions d'un arbrisseau de 4 à 5 mètres ; sa tige est droite, cylindrique, rameuse ; ses branches, alternes, pendantes et lisses, se divisent et subdivisent en petits rameaux dont les plus anciens sont écailleux et raboteux et les plus jeunes, d'un vert glauque, affectent la forme tétragonale, et sont recouverts de très-

Fig. 23. Rameau et strobiles de Cyprès de Portugal.

petites feuilles, glauques, lancéolées, aiguës, imbriquées sur quatre rangs.

Les cônes sont arrondis, de couleur grise et s'ouvrent par la disjonction des écailles sous chacune desquelles les graines s'insèrent en grand nombre. Leur forme est globulaire et leur diamètre ne dépasse pas 12 à 15 millimètres (fig. 23).

Variété.

Cyprès Triste. La forme *Tristis*, dit M. Carrière, est remarquable par son port. Ses branches et ses rameaux défléchis et strictement pendants retombent sur la tige de manière à former une colonne mince et très-étroite, qui souvent ne peut se soutenir qu'à l'aide d'un tuteur.

V. — CYPRÈS DE LAMBERT (Capressus Lambentiana) — 1839.

Cyprès A-gros-fruits (Cupressus Macrocarpa).

A sa flèche terminale inclinée sur le côté, à ses branches largement étalées, à son feuillage épais bien que squamiforme et imbriqué, le *Cyprès de Lambert*, surtout s'il n'était vu que d'un peu loin, pourrait souvent passer pour un cèdre du Liban. Il en a le port, il en rappelle l'aspect, ce qui suffit à faire son éloge comme arbre ornemental. La tige est d'ailleurs droite et souvent dégarnie de branches jusqu'à moitié de sa hauteur. A ce point, la cime

s'étale en une pyramide dont la base est souven
plus large que haute. Ses feuilles sont d'un beau
vert vif et mat; il atteint 15 à 25 mètres de hauteur
et 3 de circonférence.

Le Cyprès de Lambert habite la Haute-Californie,
aux environs de Monterey, où il a été découvert en
1838 par l'explorateur dont il porte le nom. C'est
un arbre rustique qui se plaît même en terrain sec
ou point trop humide, pourvu qu'il ne soit pas non
plus trop pauvre ; son bois dur, tenace, résistant,
d'un grain fin, très-résineux, presque imputrescible
est d'excellente qualité ; la couleur en est d'un
blanc doré.

Les cônes sont disposés par bouquets de trois à
quatre ; ils sont oblongs et mesurent 30 millimètres de long sur 20 à 25 de large.

VI. — CYPRÈS GRACIEUX DE CALIFORNIE (Cupressus
California Gracilis). — 1847.

Cyprès de Goven, C. de Kew, C. de Mac-Nab, C. Nain,
C. Glanduleux, C. Déprimé (Attenuata).

C'est l'auteur anglais du *Pinaceæ* qui réunit en
une seule espèce les cyprès dont les noms précèdent, tandis que la plupart des autres auteurs incline-
raient à les classer en plusieurs espèces différentes.

Quoi qu'il en soit, ce ne sont que des arbrisseaux et des buissons qui n'excèdent pas un à trois mètres de hauteur, et qui sans intérêt au point de vue sylvicole et industriel, peuvent toutefois être, en certains cas, utilement employés comme plantes ornementales. Leur aspect est élégant et gracieux, et leur tempérament paraît rustique.

VII. CYPRÈS THUYOÏDE OU FAUX THUYA (Cupressus Thuyoïdes). — 1736.

Chamæcyparis Sphæroïde, Thuya Sphæroïdal, *White cedar* ou Cèdre blanc, Arbre de vie.

Par le Cyprès Thuyoïde, nous entrons dans une série dont la plupart des auteurs font un genre différent du Cyprès proprement dit, sous le nom de *Chamœcyparis*, terme dont la signification éty-mologique (Καμαὶ, *Chamaï, à terre*; Κυπαρίσσος, *Cuparissos, Cyprès*), ne nous paraît pas d'une clarté irréprochable. *Cyprès à terre, Cyprès par terre*, qu'est-ce à dire? Cependant, comme les lieux où les chamœcyparis croissent spontanément sont en général des fonds bas et humides on pour-rait traduire leur nom par *Cyprès des marais*. Le caractère botanique qui les distingue des précé-dents se trouve dans le nombre des graines insé-

rées sous leurs écailles : de trois ou plus dans les
cyprès que nous avons étudiés jusqu'ici, ce nombre ne dépasse pas deux dans ceux qui nous restent à examiner.

Le Cyprès Thuyoïde a une tige droite, élancée,
très-branchue dès la base dans les jeunes individus, mais qui se dégarnit du bas à mesure que
l'arbre vieillit et parvient jusqu'à vingt-cinq mètres
de hauteur quand elle croît en massif serré. A
l'état isolé, l'arbre forme une pyramide assez régulière dont le feuillage, menu, squamiforme,
étroitement imbriqué, aplati comme celui des Biotas, mais en différents sens, est loin de manquer
d'élégance (fig. 24). Sa couleur, d'un vert tendre, est
moins sombre et plus gaie
que celle du cyprès com-
mun. Les feuilles qui le
composent ne persistent pas
plus de trois ans et entraî-
nent, lors de leur chute,
la portion de la couche cor-
ticale à laquelle elles adhé-
raient; il en résulte que
l'écorce, qui, sur le tronc,

Fig. 24. Ramule de Cyprès
Thuyoïde.

est rougeâtre, rugueuse et parfois verticalement

fendillée, est au contraire sur les jeunes branches, d'un beau brun et parfaitement unie.

Les cônes sont globulaires, souvent réunis en grappes, et ne dépassent pas les dimensions d'un gros pois ; verts d'abord et passant successivement au bleuâtre et au brun, ils se composent extérieurement de cinq écailles unies par leurs bords et qui, à la maturité, se séparent comme sur les strobiles des autres cyprès ; elles laissent échapper les graines qu'elles protégent, dans le milieu de l'automne.

Le Cyprès-Thuyoïde peuple de vastes plaines marécageuses dans la Virginie, le Maryland, le New-Jersey, les environs de Boston et le Canada. Sur un grand nombre de points les forêts de Faux Thuyas, de *Cèdres blancs* comme les appellent les Yankees, ne sont abordables que pendant les grandes sécheresses de l'été ou pendant les fortes gelées, tant est fangeux le sol qui les supporte. Les massifs qui s'y rencontrent sont d'habitude extrêmement serrés, et forment le plus souvent des fourrés inextricables.

Préférant, entre tous, les sols humides et marécageux, le cyprès qui nous occupe peut s'accommoder aussi d'un terrain simplement frais et profond, mais il y vient moins bien ; un peu d'abri lui est nécessaire contre les insolations. La sécheresse lui est dans tous les cas fatale. Le bois de cet arbre est léger, tendre, d'un grain fin et d'une grande durée ; blanchâtre d'abord, il prend promptement au contact de l'air une teinte rosée, et exhale une forte odeur aromatique. Il résiste très-bien à l'influence des alternatives de sécheresse et d'humidité, et sert, en raison de sa grande légèreté, à faire en Amérique des bardeaux pour couvrir les maisons, et du charbon pour la fabrication de la poudre. On l'emploie avec succès en treillis et en clôtures, ainsi qu'en une foule d'usages d'industrie et d'économie domestique. On dit que l'emplacement sur lequel est bâtie la ville de Philadelphie était autrefois couvert d'une forêt de Cyprès Thuyoïdes, et que ce sont les arbres de cette forêt qui ont servi à la charpente des maisons dont se compose la cité.

Malheureusement le Faux Thuya est encore très-peu répandu et même très-peu connu en Europe, ou du moins en France. Cependant il pourrait être d'une ressource bien précieuse pour tirer parti, par le boisement, des terrains tourbeux et marécageux qui sont encore trop nombreux chez nous, dont beaucoup ne sont susceptibles d'aucun drainage, et qui, souvent dangereux par leurs émana-

tions paludéennes, restent là stériles et improduc-
tifs. Pourquoi ne tenterait-on pas de les boiser,
puisqu'il est des arbres qui aiment, bien mieux qui
exigent des terrains d'une telle nature ?

VIII. Cyprès de Lawson (Cupressus Lawsoniana). — 1853.

Chamæcyparis de Boursier (C. Boursieri).

Un arbre qui au feuillage imbriqué et squamiforme du cyprès ordinaire joindrait la disposition
aplatie que prennent les rameaux du faux thuya,
et qui, sur cette pyramide découpée en dentelle,
étalerait une verdure chatoyante et veloutée, tandis
que la pousse terminale et celles de l'extrémité des principales branches retomberaient sur
la masse en courbes mélancoliques et infiniment
gracieuses ; un tel arbre serait assurément digne
d'être admiré. Or, tel est le Cyprès de Lawson.
Il croît sur le bord des rivières qui baignent le
fond des vallées du nord de la Californie, par 40 à
42 degrés de latitude, et parvient à une hauteur de 100 pieds, de 50 mètres même s'il faut
en croire les catalogues de la maison Vilmorin. Il
a été découvert en 1853 par M. Boursier de la Rivière, et depuis cette époque il s'est peu à peu ré-

pandu et propagé dans les pépinières et les jardins où, grâce à sa rusticité, il réussit bien pourvu qu'il rencontre un sol un peu substantiel et surtout frais ou humide : il paraît d'ailleurs ne rien craindre de nos hivers les plus rigoureux.

Les cônes du Cyprès de Lawson sont solitaires, terminaux, polyédriques, d'une couleur brun-clair et couverts, quand ils sont jeunes encore, d'un duvet verdâtre ; il sont portés sur de courts pédoncules, et leurs dimensions ne dépassent pas celles d'un gros pois.

Le bois est de bonne qualité, facile à travailler et très-aromatique.

IX. CYPRÈS DE NOOTKA ou NUTKA (Cupressus Nootkaensis vel Nutkaensis). — 1851.

Chamæcyparis de Nutka; Thuya Elevé (Excelsa); Cyprès d'Amérique; Thuyopsis Boréal; Cyprès, Thuya ou Thuyopsis de Tchugatskoy.

Les côtes occidentales de l'Amérique du Nord et principalement les abords du Nootka Sound, de l'Observatoire Inlet, enfin l'île de Sitcha, voient croître un cyprès chamæcyparis que feu le docteur Fischer avait pris d'abord pour un thuyopsis, mais que les auteurs des ouvrages les plus récents (1)

_____

(1) *Pinetum and supplement.* — *Pinaceæ.*

rangent décidément parmi les cyprès. Cet arbre, introduit en Angleterre et en France en 1851, provenait de plants élevés dans les jardins de Saint-Pétersbourg, circonstance qui, jointe à celle de son indigénat, indique assez son extrême rusticité sous le rapport du climat. Il parvient à de belles dimensions, 80 à 100 pieds de hauteur, et 3 à 4 mètres de circonférence dans des conditions favorables. Il porte sa tige droite et couverte d'une écorce douce, lisse, et d'une couleur foncée ; ses branches sont étalées, fournies, subdivisées en un grand nombre de rameaux flexibles et inclinés qui se recouvrent, quand l'arbre est vieux, de glandes remplies d'une résine aromatique et très-fine. Ses feuilles ont une grande analogie pour la forme, la disposition et la couleur, avec celles du faux thuya ; la verdure en est peut-être plus gaie et d'un reflet moins bleuâtre ; les cônes sont solitaires, presque sessiles ou portés sur de très-courtes ramilles et recouverts d'un duvet de couleur glauque ; leur forme et leur dimension sont celles d'un gros pois.

Lorsqu'on brise, froisse ou coupe la plante dans l'une quelconque de ses parties, elle exhale d'une manière plus accentuée que chez les autres cyprès et thuyas une forte odeur balsamique. Le bois, blanc et mou, produit du reste en très-grande abondance un baume très-aromatique, qui par son aspect et son parfum rappelle le baume du Canada.

C'est à ce cyprès que Gordon, et après lui Seni-lis, rattachent l'un des six sapins de Lewis et Clarke, le *Sapin Aromatique*.

X à XIV. Les Cyprès ou Chamæcyparis Rétinispores (Cyprès du Japon). — 1860.

Qui nous délivrera des Grecs et des Romains,

des Grecs surtout? Voici venir une nouvelle série de cyprès que l'on a cru devoir affubler encore d'un surnom, comme toujours tiré du grec. Ce sont les *Cyprès Rétinispores*. La traduction française de ce dernier mot est littéralement *résine en graine* : Ῥητίνη (*Rètinè*) résine, εἰς (*eïs*) en, σπορὰ (*sporà*) graine. Il provient de ce que l'enveloppe extérieure (*tégument externe*) des graines des cyprès dont il nous reste à parler, est parcourue par des vaisseaux résinifères bien apparents et bien visibles.

Cette explication fournie, passons rapidement en revue ces arbres encore très-peu connus et surtout peu répandus.

Le Cyprès ou Chamæcyparis *Rétinispore* OB-TUS (*Cupressus* vel *Chamæcyparis Retinospora Obtusa*) est un grand arbre qui, dans les montagnes

de l'île japonaise de Niphon, où il est indigène et
constitue de vastes forêts, atteint 20 à 30 mètres de
hauteur et 3 à 6 mètres de pourtour. Découvert et
décrit d'abord par Sieboldt et Zuccarini, il a été
plus récemment, vers 1860 croyons-nous, introduit en Europe par MM. Fortune et Vcitch. Les
Japonais le nomment HINOKI, mot qui, dans leur
langue, signifie Arbre du Soleil, parce qu'il est, di-
sent-ils, la gloire des forêts comme les héros sont
la gloire des hommes, et que, pour cette raison, il
est le plus digne d'être consacré au dieu Soleil et
de servir à la construction des chapelles et des
temples dédiés à cette divinité. Les branches du
Hinoki étalées en éventails portent un feuillage
d'un vert clair et luisant, et son bois, blanc, fin et
compacte, acquiert lorsqu'il est travaillé le brillant de la soie. « Les ustensiles de bois dont on se
sert à la cour du *Micado*, ajoute un auteur japonais
que citent Siebold et Zuccarini, sont tous faits avec
le Hinoki, et restent dans leur couleur naturelle
sans être vernis. Les éventails de ce prince et de ses
femmes se composent de petites planchettes jointes
par des fils de soie, qui brillent des couleurs de
l'arc-en-ciel. La valeur de cet arbre en fait un
article de grande importance pour le commerce de

ce pays, et sa culture est très-répandue dans toutes les parties de l'empire japonais. »

Ce cyprès du Japon doit avoir dans son aspect une certaine analogie avec notre biota. Il est, assure M. Van Geert, d'une culture facile, et paraît offrir tous les caractères d'une plante parfaitement rustique.

Le *Rétinispore* PORTE-POIS (Retinispora *Pisifera*) tire son surnom spécifique de la forme et des dimensions de son strobile, que l'on peut comparer à un gros pois, bien qu'il se compose de dix à douze écailles disposées par paires croisées et opposées, régulièrement imbriquées et charnues à la base. Il se rencontre dans les mêmes lieux que le Hinoki, mais n'y parvient pas à des dimensions égales; son introduction, due pareillement à MM. Fortune et Veitch, remonte à la même époque.

Le Rétinispore Porte-Pois, appelé SAWARA par les Japonais, est un arbre d'une grande beauté. De loin, et dans des proportions moindres, on le prendrait pour un cyprès de Lawson ; mais il a les feuilles plus fines, plus pointues ; la verdure herbacée de celles-ci et des ramules n'est telle que d'un côté ; de l'autre elle est panachée de blanc argenté et d'un effet délicieux.

On croit que le Sawara sera robuste et rustique dans nos climats.

C'est encore à MM. Fortune et Veitch que nous devons le *Rétinispore* à FEUILLES DE LYCOPODE (R. LYCOPODOÏDES), charmant arbuste qui rappelle, en pleine terre, les plus gracieux lycopodes de serre chaude, par ses petites feuilles toutes couchées les unes sur les autres, et à verdure herbacée que rehaussent de petites lignes blanchâtres.

Que dirons-nous des *Rétinispores* SQUARREUX et A FEUILLES DE BRUYÈRE (R. *Squarrosa, R. Ericoïdes*), jolis arbrisseaux japonais formant, celui-ci une pyramide de deux mètres, dont les petites branches (fig. 25) sont si bien unies et rapprochées qu'on la dirait taillée de main d'homme ; celui-là un élégant buisson de même hauteur, mais en forme de dôme arrondi.

Fig. 25. Rameau de Rétinispore à feuilles de bruyère (réduit).

Le premier, le Rétinispore Squarreux, se

fait remarquer par sa verdure cendrée et ses petites feuilles épineuses et piquantes; le second, le Rétinispore Éricoïde puise un mérite différent mais égal dans sa teinte claire et gaie pendant l'été, qui, l'hiver venu, passe au rouge brun ou violacé.

D'une culture facile, d'un tempérament rustique, ces deux cyprès du Japon peuvent rendre de grands services pour la décoration des petits jardins, des rochers artificiels, ou même, plantés dans des vases ou de petites caisses, pour l'embellissement d'un boudoir ou d'un salon.

SECTION TROISIÈME.

Thuyopsidées.

Longtemps on a confondu, sous le nom générique de *Thuya*, la plupart des espèces et genres différents dont se compose cette deuxième section et la suivante. Le *Dictionnaire de la culture des Arbres*, publié en 1821, par Bosc et Baudrillart, comprend sous ce nom les Biotas, Widdringtonias, Callitris, Glyptostrobes et Thuyopsis alors connus. C'est qu'en effet tous ces arbres ont de grandes analogies les uns avec les autres, et lorsqu'ils étaient peu nombreux il était naturel de les grouper

ensemble sur leurs caractères les plus généraux;
mais quand, à la suite des explorations de voyageurs
infatigables, beaucoup d'autres arbres présentant
ces caractères et cependant différents entre eux,
ont été découverts et étudiés, il a fallu descendre
plus avant dans les détails de leur organisation
pour arriver à les classer rationnellement et à éviter toute confusion... ce qui ne veut pas dire que
les classements admis soient tous rationnels, et que
toute confusion ait été évitée. Comme à l'ordinaire,
chaque auteur a adopté une classification différente;
et lorsque quelqu'un de la gent profane, comme
votre serviteur, veut pénétrer dans ces arcanes sa-
crés de la science, il ne sait plus trop comment se
tirer du dédale.

> Essayons toutefois si, par quelque manière,
> Nous en viendrons à bout...

Nous prendrons pour guides Endlicher et M. Carrière, deux autorités qui en valent bien d'autres et
qui d'ailleurs sont d'accord... sur ce point. Comme
eux nous composerons la section *Thuyopsidée* de
ceux des Cupressinées qui, avec des feuilles squamiformes mais opposées et quelquefois ternées ou
même quaternées, ont des strobiles à écailles imbriquées.

Mais nous réduirons le nombre des genres en faisant du *Biota* une simple subdivision du genre *Thuya* (1) ; nous serions même tenté d'en faire autant pour le *Thuyopsis*, dont le nom signifie *Semblable au Thuya*, et qui lui ressemble beaucoup en effet ; mais nous ne trouvons, pour nous autoriser, aucun exemple chez les auteurs, et nous ne voulons pas nous lancer trop dans le domaine des innovations.

Les Thuyopsidées sont, comme les Cupressinées, monoïques avec les fleurs des deux sexes séparées sur des rameaux différents.

Souvent ils se ramifient dès la base et forment alors une colonne de verdure bien plutôt qu'une pyramide. Les ramules s'étendent ordinairement dans un même plan entre eux et avec le rameau qui les porte, quelquefois même avec la branche qui porte les rameaux.

PREMIER GENRE. — THUYA.

Les Thuyas comptent parmi certains Cupressinées qui ont eu en terme populaire le nom de *Arbres de Vie*. Leur nom actuel est grec et signifie *Arbre odoriférant* ; c'est de ce nom, Θύα (*thya*) que l'on a

(1) Loudon. *Arboretum.*

fait sans doute le mot Θύος (*thyos*), encens, et par
dérivation le mot latin *thus* qui a le même sens.
C'est qu'en effet, comme tous les Cupressinées, les
Thuyas sont aromatiques, et cela non-seulement
dans l'intérieur de leur bois, mais dans leurs
feuilles, dans leurs rameaux, dans toutes leurs
parties.

Ce sont des arbres et des arbrisseaux très-rameux, à feuilles squamiformes et imbriquées sur
plusieurs rangs, dont le fruit, variant de la grosseur
d'un pois à celle d'une très-grosse noisette, s'ouvre
dans sa longueur, le point d'insertion des écailles
étant situé à la base même du cône.

I. Thuya Biota ou de la Chine (Thuya Biota Chi- nensis). — 1752.

Thuya ou Biota d'Orient, Thuya Aigu, Thuya Plat, Cyprès
Thuya, Arbre de Vie (1), Platyclade à rameaux dressés.

Le *Thuya Biota* est un petit arbre qui, dans des
conditions moyennes, atteint facilement 20 à
25 pieds de hauteur. Le tronc, s'il ne se ramifie
pas dès la base, est droit et recouvert d'une écorce
brune et raboteuse ; les rameaux sont très-nom-

---

(1) Le mot Βιοτὴ (biotè) d'où dérive le nom français Biota,
signifie *vie* en grec.

breux et se dressent tous verticalement dans le même plan que la branche qui les porte (fig. 26), laquelle forme avec la tige un an-
gle presque ouvert. Un feuillage aplati dans le sens du plan des rameaux contribue encore à don-ner à cet arbre l'aspect tout à fait caractéristique qui lui a valu de la part de quelques horticulteurs le nom de *Thuya Plat;* si l'on passe la main dans l'épaisse et touffue rami-fication d'un jeune Biota de la Chine, les rameaux que la main sépare s'é-cartent les uns des autres

Fig. 26. Rameau de Thuya Biota.

pareillement à deux cloisons de verdure qui se-raient juxtaposées et comme indépendantes l'une de l'autre. La couleur du feuillage est d'un vert vif et mat, parfois luisant en hiver, mais rougeâtre et un peu terne en été.

Les cônes ont une forme quasi sphérique, ou, plus exactement hexaédrique, avec un diamètre de 12 à 15 millimètres ; ils sont solitaires à l'extrémité de petits ramules, verts dans la jeunesse, bruns à maturité et composés de six écailles, dont deux au centre et quatre autour de la base ; une sorte depetit piquant rehausse le centre de chaque écaille (fig 27).

La floraison se produit au printemps, la maturation suit à l'automne, et l'ouverture des cônes pour la dissémination des graines a lieu aux premières chaleurs du printemps suivant.

Fig. 27.
Cône de Thuya Biota.

Les terres fortes et argileuses sont celles que le Thuya Biota préfère ; sans avoir de prédilection pour les sols humides, il les supporte mieux que les sols arides, bien que dans le nord de la Chine et le Japon, où il est indigène, il se rencontre fréquemment dans les montagnes et parmi les rochers ; les terrains calcaires ne lui sont point antipathiques. Il supporte assez bien une situation ombragée et en partie couverte, et réclame même, dans nos climats, un abri contre des froids trop rigoureux.

Grâce à sa ramification très-abondante, il se prête admirablement à la taille ; on en fait des haies, des tonnelles, des abris, des brise-vents, des rideaux de verdure, que le ciseau façonne à son gré.

La croissance du Biota est assez lente, mais son bois très-dur, d'un grain fin et serré, capable d'un beau poli, est, nous semble-t-il, trop peu apprécié et trop peu recherché pour son mérite.

Variétés.

Les variétés du Thuya Biota sont nombreuses; les plus remarquables sont assurément le *Biota Nain Doré*, charmant buisson formant un globe de verdure à reflets jaunes d'or, d'une hauteur de 3 à 4 pieds, et le *Biota Pleureur* (B. Pendula), appelé également *Cyprès Filiforme* ; ce dernier est un élégant arbrisseau de 3 à 4 mètres, dont les branches grêles, menues, pendantes, semblables à des fils, descendent parallèlement au tronc et parfois tombent jusqu'à terre à la manière des rameaux éplorés et traînants du saule de nos pièces d'eau et de nos cimetières.

Nous mentionnerons encore le *Biota du Népaul*, de *Tartarie* ou de l'*Himalaya*, appelé aussi *Thuya Pyramidal*, et qui joint aux avantages du Biota de la Chine celui d'une rusticité à l'épreuve des froids les plus rigoureux, jointe à une végétation plus brillante. Dans la jeunesse, les branches inférieures de ce Biota prennent un développement plus grand que les branches plus élevées, et l'arbre affecte une forme pyramidale analogue à celle du cyprès, ce qui lui a valu le nom de *Thuya Cupressoïde* ou *Faux Cyprès*.

II. Thuya Occidental ou du Canada (Thuya Occidentalis vel Canadensis). — 1546.

Thuya de Théophraste, Thuya Obtus, Cyprès Arbre-de-vie, Cèdre de Lycie, Cèdre Blanc, Thuya de Sibérie, T. Plissé, T. Warreana.

Est-ce par antiphrase, à cause de la couleur sombre de son feuillage, que les Américains appellent quelquefois ce thuya *Cèdre* Blanc, nom plus fréquemment appliqué du reste au cyprès thuyoïde?

Quoi qu'il en soit, le *Thuya du Canada* se distingue du Biota par une verdure plus foncée, qui prend souvent, sans que l'arbre soit d'ailleurs malvenant, une teinte de rouille peu agréable à l'œil. Les feuilles sont aplaties contre les ramules, eux-mêmes dirigés dans le plan du rameau sur lequel ils sont insérés ; mais les branches principales ne tendent pas, comme dans le Biota, à cet aplatissement uniforme et général, au moins quand l'arbre croît en liberté sans être gêné autour de lui par des arbres voisins ; il forme alors une pyramide assez bien caractérisée. Les cônes, extrêmement petits, ne

dépassent guère, étant fermés, la grosseur d'un pois;
ils sont oblongs et formés d'écailles lisses, minces,
ovales, plus larges vers le sommet
qu'à la base, et recouvrent chacune
deux graines (fig. 28).

Comme le Biota, le *Thuya du*
Canada supporte très-bien la
taille, et peut servir à faire des haies, des abris,
des rideaux, tout en étant cependant un peu moins
touffu.

Fig. 28. Cône entr'ou-
vert de Thuya du
Canada.

Sous le rapport de la végétation, cet arbre présente deux avantages très-grands : quoiqu'il réus-
sisse dans les sols secs et calcaires ou mieux encore frais et siliceux, il s'accommode parfaitement
des terres humides et marécageuses qui, même
en Amérique, auraient sa prédilection ; et mieux
que presque tous les autres conifères, si nous
en exceptons le séquoïa taxifolia et les ifs, il
croît sans dépérir sous un ombrage assez épais.
Seuls, ces deux avantages devraient suffire à
le recommander à l'attention des sylviculteurs ; et
cependant depuis son introduction en France sous
François Ier, à qui l'on assure que le premier exemplaire de Thuya d'Occident fut présenté, il ne paraît pas que cet arbre ait été employé autrement
que comme remplissage dans les jardins, ornement

de tombeaux, rideaux à masquer la vue, ou sépa-
rations et clôtures. Cependant de quelle utilité ne
serait pas, pour tirer parti des terrains humides et
tourbeux, une essence qui prospère en des sols de
cette nature ? Nous avons déjà signalé comme rem-
plissant cette condition, le cyprès chamæcyparis
thuyoïde ; mais ce dernier est rare, on se le procure
difficilement, et sa naturalisation en France peut
encore laisser quelque incertitude dans l'esprit. Le
Thuya du Canada, au contraire, a sa naturalisation
faite depuis trois siècles ; sa rusticité est à toute
épreuve ; son bois, analogué au sapin mais beaucoup moins putrescible, n'est point un produit à
dédaigner, et la facilité de l'arbre à végéter à l'ombre
permet de le faire vivre au proche voisinage d'arbres
plus hauts et plus étalés.

Le Thuya d'Occident croît spontanément dans
le Canada, la Virginie, la Caroline, le Nouveau-
Brunswick, etc., par 35 à 42 degrés de latitude
boréale, et, sous la forme *Wareana* peu différente
du type, dans quelques parties de la Sibérie.

III. Thuya Gigantesque (Thuya Gigantea). — 1854.

Thuya Craigiana, Libocèdre Décurrent, Thuya de Nuttal.

De même que le Chamœcyparis de Lawson est

le plus beau de tous les cyprès, le *Thuya Gigantesque* est incontestablement le plus remarquable des Thuyas. Hôte de la Colombie anglaise, des îles de Nootka et Vancouver, de toute la côte nord-ouest de l'Amérique et des monts Klamat, en Californie, cet arbre y parvient, croissant d'ailleurs dans des conditions favorables, à une hauteur de 40 à 50 mètres, avec 9 à 15 pieds de circonférence. Il est robuste, peu exigeant, se contente d'un maigre sol, tout en préférant une terre sableuse et fraîche, et ne craint rien des expositions les plus froides; sa croissance seulement, d'une rapidité relative assez grande, s'y ralentit un peu.

Ses branches qui s'étalent chargées de larges rameaux à la verdure foncée mais vive et luisante, son écorce brune et lisse, ses pousses annuelles vigoureuses et inclinant légèrement leur tête herbacée, lui donnent un degré d'élégance et de beauté que sont loin d'atteindre ses congénères de Chine et du Canada.

« Tout fait espérer, dit M. le marquis de Vibraye, que le Thuya Gigantesque devra jouer un rôle important, le plus important peut-être parmi les conifères exotiques, dans le repeuplement de nos forêts. Outre que son habitat est pour nous une première garantie, presque suffisante, de sa rusticité, nous avons en outre les documents recueillis sur les lieux mêmes par M. Boursier de la Rivière, qui préconise l'excellence de son bois, la vigueur avec laquelle il végète sur toute espèce de sol, aussi bien que sa sobriété (1). »

C'est en 1853 que M. de la Rivière retrouva en Californie cet arbre précieux, que plusieurs voyageurs avaient déjà signalé avant lui ; l'année suivante, on en possédait de jeunes plants en France, et depuis lors de nombreux amateurs et pépiniéristes parmi lesquels M. Duclos, horticulteur à Blois, et M. le marquis de Vibraye, propriétaire du château et du parc de Cheverny (Loir-et-Cher), ont travaillé activement à propager cette essence remarquable, qui par sa rusticité, la rapidité de sa croissance, ses belles dimensions, les qualités de son bois, dur, souple, à grain fin, durable, blanc dans la jeunesse, mais d'un beau jaune doré à l'âge adulte et à l'état sec, ne peut manquer d'acquérir, quand il sera entré dans le domaine de l'exploitation, une grande valeur industrielle.

La conformation des cônes, leur mode d'insertion, présentent une grande analogie avec ceux du Thuya du Canada, mais ils sont trois fois plus gros ; les graines, ellipsoïdes, échancrées à la base, sont longues de près de 2 centimètres.

On dit que les naturels de Vancouver se font,

(1) *Bulletin de la Société d'acclimatation*, tome V, octobre 1858, p. 507.

avec la partie intérieure de l'écorce, des manteaux imperméables à la pluie, très-maniables et très-souples, qu'ils emploient aussi cette écorce à des nattes, voiles, cordages, vêtements, et qu'ils vont jusqu'à en couvrir le toit des maisons (1).

Il paraîtrait que c'est ce thuya que Rafinesque, d'après la relation de Lewis et Clarke, avait nommé *Sapin Microphylle*.

Variétés (?).

Est-ce une variété du précédent ou une espèce distincte, le Thuya Gigantea Magnifica, *nova species Oregonensis*? Nous ne le trouvons mentionné que dans les catalogues de la maison Blondeau-Dejussieu et Cie, grainiers à Beaune (Côte-d'Or), avec la notice suivante :

« Arbre gigantesque et splendide, des plus rustiques, de 50 à 85 mètres de haut, tronc droit de 3 à 6 mètres de tour, se terminant en pointe très-déliée. — Branches nombreuses, longues, minces, déliées, gracieusement pendantes, à ramules très-rapprochés, formant de magnifiques festons d'un admirable effet. — Très-vigoureux, il croît en tous terrains, mais il prospère surtout en sols substantiels et humides. — Son bois, très-résineux, léger, tendre, prend sous le vernis l'aspect d'une étoffe dorée, de satin et de moire (2). » Il a de

(1) Gordon. *Supplement to the Pinetum.*

(2) Prix-courant de graines de conifères et de jeunes plants résineux très-rares. 1864.

l'analogie avec celui des sapins, mais avec un grain plus fin, plus serré, plus veiné ; assez fort, ce bois se fend avec une très-grande facilité et très-droit. Sa richesse en résine doit lui donner beaucoup de durée ; il rougit sensiblement au soleil (1).

D'autre part, les catalogues de la maison Vilmorin et ceux de M. Van Geert donnent comme deux formes très-distinctes, le *Thuya Gigantea* proprement dit ou *Libocedrus Decurrens*, et le *Thuya Craigiana* ou *Glauca*, quoique tous deux, affirment-ils, méritent également l'épithète de *Gigantesque*. Le dernier, dit l'horticulteur belge, « est un arbre de même vigueur et de même facture, mais dont les branches étalées en éventail sont plus rapprochées les unes des autres, et d'une teinte vert-glauque très-prononcée. Du reste, même rusticité et même beauté (2). »

Les thuyas *Gigantea Magnifica* et *Craigiana Glauca* sont-ils une seule et même variété, ou deux variétés, ou deux espèces distinctes du *Thuya Gigantesque* proprement dit ? C'est ce que, seules, permettront de préciser de nouvelles explorations de voyageurs et de plus amples observations horticoles.

(1) Charles Van Geert. Catalogue raisonné. Octobre 1862.
(2) Autre catalogue de la même maison.

IV. Thuya de Menzies ou de Lobb (Thuya Menziezii vel Lobbii).

Thuya de Californie, T. Gigantesque de Lobb, T. Plissé
(Plicata).

Cette belle et gracieuse espèce, dit Gordon, a été trouvée par Douglas sur les côtes nord-ouest de l'Amérique et de la Californie, où elle atteint une hauteur de 40 à 50 pieds, et porte des branches longues et flexibles chargées d'une grande quantité de rameaux, et couvertes d'un épais feuillage. Le « Handbook » s'exprime en des termes semblables et ajoute que les jeunes sujets de cette essence rivalisent par leur croissance rapide et la vigueur de leur végétation avec les arbres les plus communs de nos forêts d'Europe ; son tempérament robuste et sa nature facile le font prospérer en tout climat et à toute exposition, pourvu qu'il soit en bon sol ; c'est sans contredit celui de tous les *Arbres de vie* (1) qui, à la plus belle croissance, joint l'aspect le plus élégant et le plus ornemental.

M. Van Geert va plus loin que les auteurs du *Pinetum* et du *Pinaceœ*. Il décrit ainsi le *Thuya de Lobb :*

(1) Thuyas, Chamœcyparis, etc.

« Arbre non moins superbe que le Thuya Gigantesque, poussant avec la même vigueur, originaire du même pays et également dur contre toutes nos gelées. Sa tige est vigoureuse et élancée, et peut atteindre à une hauteur de 80 à 100 pieds ; ses branches, moins rapprochées que chez le Gigantea, sont plus allongées et plus aplaties, d'un vert plus vif et d'un luisant beaucoup plus prononcé. »

Sir W. Hooker dit, en parlant du *Thuya de Menzies,* qui paraît bien être le même que celui de Lobb, que ses branches sont plus longues, plus minces, plus dressées mais moins comprimées et chargées d'une verdure plus foncée que celles du *T. Occidental.*—Les strobiles sont, d'après M. Carrière, solitaires et pendants à l'extrémité de très-courtes ramilles, et ont à peu près la même forme que ceux du Thuya du Canada, quoique plus renflés vers le milieu et plus obtus aux deux bouts.

Le bois, une fois parvenu à maturité et bien desséché, serait, suivant Senilis, un bois de qualité et de durée.

DEUXIÈME GENRE. — THUYOPSIS.

Le genre qui a donné son nom à la section des Thuyopsidées, offre la plus grande analogie avec le genre thuya ; auquel d'ailleurs il emprunte lui-

même son nom (1). Les feuilles ont la forme écailleuse, elles sont opposées par paires croisées,
étroitement imbriquées sur quatre rangs et aplaties sur les deux faces. Les fleurs réunissent leurs
sexes dans le même arbre, mais sur des rameaux
séparés et sont solitaires et terminales, les mâles
en chatons cylindriques, les femelles en strobiles
quasi-sphériques ; ces derniers sont composés de
huit à dix écailles valvaires, imbriquées, ligneuses,
coriaces, lisses et persistantes qui recouvrent chacune cinq graines libres et munies de deux ailes
membraneuses.

ESPÈCE UNIQUE.

THUYOPSIS EN DOLOIRE.

(Thuyopsis Dolabrata). — 1853.

Arbre de vie à larges feuilles; Platyclade, Thuya, Libocèdre:
en doloire. Asunaro, Asufi, Hibu, des Japonais ; Ra-Kan-
Hac, Gan-si-Hac des Chinois.

Le nom spécifique du Thuyopsis est tiré de la
forme de ses feuilles qui rappelle celle de la ha-

(1) Le mot *Thuyopsis* se compose du mot *thuya* auquel on
a ajouté le mot grec 'ὄψις (*opsis*) qui signifie *aspect*, *ressemblance*.

chette, dont se servent les tonneliers, sous le nom
de *dolabre* ou *doloire*. Elles sont relativement
larges et longues, planes, vertes en dessus, d'un
blanc argenté en dessous et comme collées sur les
rameaux qui en prennent une forme large et aplatie
et donnent par là à notre arbre un faux air de
plante grasse (fig. 29). Les cônes ont la forme indiquée plus haut et la gros-
seur d'un pois. Les branches
s'élèvent verticalement en
laissant souvent pendre
leur extrémité vers le sol
et donnent à l'arbre, par
cette disposition, un port
pyramidal bien caractérisé
en même temps qu'un as-
pect peu commun qui paraît
joindre la majesté à l'élégance.

Les dimensions du *Thuy-*
opsis en doloire sont,

Fig. 29. Rameau de Thuyopsis
en Doloire.

assurent Gordon et M. Car-
rière, celles des grands arbres : cependant Senilis
ne lui accorde que 25 à 50 pieds de haut, ce qui
le reduirait à la deuxième et même à la troisième
grandeur.

C'est un arbre de terrains humides qui croît naturellement dans les vallées et les versants marécageux des montagnes du Japon dont les habitants le cultivent pour ses qualités décoratives. Il est encore très=rare en Europe : on croit cependant qu'il pourra, sans trop de difficulté, s'acclimater parmi nous.

Variété.

Les Japonais cultivent sous le nom de *Nezu* un arbuste qui est une variété naine de notre espèce, avec des feuilles beaucoup plus petites.

TROISIÈME GENRE. — FITZ-ROYA OU CUPRESSTELLE.

Le Dr Hooker a donné, au genre qui s'offre en ce moment à notre étude, le nom du capitaine Fitz·Roy qui le premier a découvert l'arbre auquel ce genre appartient. L'auteur du *Pinaceœ* l'appelle *Cuprestellata*, ce qui signifie *Cyprès Étoilé* (*cupressus*, cyprès ; *stellatus, a*, étoilé, ée), à cause de la forme de ses cônes dont l'axe se termine en trois glandes ou écailles abortives qui surmontent trois petits groupes de trois écailles chacun : cette disposition rappelle la forme convenue pour représenter une étoile. Trois graines, entourées d'une large membrane formant aile, sont insérées sous chacune de ces neuf écailles ; celle du milieu est attachée à l'écaille même, les deux autres à l'axe du cône, ou bien, à l'inverse, ces deux derniers adhèrent à l'écaille et la première à l'axe. Les

Fig. 30. Rameau (réduit) de Fitz-Roya ou Cupresstelle. — Ses petits cônes rappellent la forme étoilée.

feuilles sont ternées, mais quelquefois opposées ou quaternées, oblongues, plates, presque sessiles et plus ou moins étalées (fig. 30). On ne connaît point encore les fleurs mâles, ce qui ne permet pas d'assurer que la floraison soit monoïque ; les fleurs femelles sont solitaires et terminales.

ESPÈCE UNIQUE.

FITZ-ROYA OU CUPRESSTELLE DE PATAGONIE.

(Fitz-Roya vel Cupresstellata Patagonica). — 1865.

La Patagonie et les abords du détroit de Magellan

sont la patrie du *Cyprès Étoilé* ; on l'y rencontre
sur les rochers qui avoisinent les rives du Pacifique
et en diverses stations des montagnes de ces loin-
tains parages. C'est un grand arbre qui , près du
littoral, parvient à une hauteur de 33 mètres, sur 6
à 8 mètres de circonférence , mais dont les dimensions s'amoindrissent au fur et à mesure qu'il s'é-
lève à une altitude plus grande , jusqu'à se réduire
à celles d'un arbuste de quelques décimètres à la
limite des neiges perpétuelles où cette espèce végète encore. Les branches sont minces, étalées ou
élégamment courbées vers la terre et irrégulière-
ment insérées sur la tige ; elles portent des rameaux nombreux, déliés, pendants, très-subdivisés,
et revêtus d'un épais feuillage à la verdure sombre
quoique tempérée sur la face inférieure des feuilles par deux raies glauques régnant sur toute leur
longueur ; cette longueur, qui varie avec l'âge, est
sur les jeunes sujets, de 8 à 14 millimètres , avec
une largeur de 2 à 3 ; mais elle se réduit, sur
les arbres adultes, à 3 ou 4 millimètres au plus.
L'ensemble du feuillage rappelle un peu celui
du thuyopsis en doloire dont nous venons de parler ; mais il offre surtout, à un âge avancé, une
ressemblance frappante avec le Libocèdre du Chili
dont nous nous occuperons bientôt ; ce n'est plus

alors qu'à leurs fruits qu'on peut distinguer ces deux arbres l'un de l'autre.

L'extrême variété d'altitudes dont s'accommode en Patagonie le Cyprès Étoilé qui croît jusqu'à la limite des glaciers, donnerait à penser qu'il n'a rien à redouter de nos plus froids climats européens. Cependant il paraît craindre, chez nous, les hivers très-rigoureux et a besoin d'une situation abritée contre de trop rudes intempéries.

SECTION QUATRIÈME.

ACTINOSTROBÉES.

Sur les cinq genres dont se compose cette section, deux seulement, parmi lesquels trois ou quatre espèces au plus, sont pour nous d'un intérêt pratique, les genres *Callitris* et *Libocèdre*. Nous dirons cependant quelques mots des autres, mais sans nous y arrêter et comme en passant, afin seulement de ne pas en laisser ignorer les noms.

Le caractère distinctif des arbres composant les genres de cette section consiste dans la forme et la disposition de leurs écailles en *vâlves* (1) ou battants de porte, c'est-à-dire soudées et comme ar-

_____

(1) *Valvæ, arum ;* battants de portes.

ticulées au tour d'un ou plusieurs axes communs autour desquels elles pivotent pour, de la floraison à la maturité, se rapprocher, puis s'écarter et laisser échapper leurs graines quand la maturité est accomplie. Le nombre de ces valves varie suivant les espèces : l'auteur du « Handbook » a même pris ces nombres pour base d'une classification des actinostrobées à lui particulière ; il les partage en *Octovalves*, *Sexovalves* et *Quartovalves*. Mais ce système qui bouleverse complétement l'ordre établi, supprime des noms connus et repose sur une distinction plus artificielle que solide, nous a paru présenter plus d'inconvénients que d'avantages, et nous avons préféré nous en tenir à la classification ancienne en cinq genres : *Widdringtonia*, *Frénèle, Actinostrobe, Callitris* et *Libocèdre*.

· Dans tous ces genres les feuilles sont alternes, opposées ou ternées, squamiformes et quelquefois imbriquées comme dans les cyprès et les thuyas.

PREMIER GENRE. — LIBOCÈDRE.

En grec — car bon gré malgré il nous faut toujours parler grec — le nom du mont Liban, Λίβανος (*libanos*), signifie *encens*. Et comme les arbres du

genre qui nous occupe exhalent un parfum si
suave et si riche que toute l'atmosphère environ-
nante en est embaumée ; comme en même temps
le mot *cèdre* a été appliqué à toutes époques, improprement il est vrai, à un assez grand nombre
de cupressinées ; on a réuni par élision les deux
mots *Liban* et *Cèdre* pour en faire le nom de ce
genre à émanations balsamiques. Cela est bien un
peu tiré par les cheveux ; car, du plus au moins,
quels sont les arbres résineux qui ne jouissent pas
de cette faculté ? Le nombre en est bien restreint.
Enfin, il en est ainsi.

Très-voisin des thuyas et thuyopsis le genre
Libocèdre en diffère principalement par les écailles
de ses cônes qui, placées face à face, ne se recouvrent pas mutuellement et protègent des graines
munies de deux ailes inégales. Elles-mêmes, au
nombre de quatre et quelquefois de six valves,
sont disposées par inégales paires, ligneuses et
plates ou légèrement concaves ; elles forment un
cône ovale et plus ou moins obtus. Les cotylédons
ou feuilles séminales sont au nombre de deux, et
les feuilles normales ou parfaites sont squamiformes, aplaties, imbriquées sur quatre rangs le
long des rameaux. Les fleurs sont monoïques.

Les Libocèdres sont des arbres de l'Amérique australe et de la Nouvelle-Zélande.

I. Libocèdre du Chili. (Libocedrus Chilensis). — 1848.

Cyprès du Chili ; Thuya du Chili, T. Cuneiforme (Cuneata), T. Andina. Arbre de vie du Chili.

Le *Libocèdre du Chili* est un bel et grand arbre de 20 à 30 mètres de hauteur, tantôt branchu dès la base, tantôt portant sur une tige droite et élancée sa cime conique et régulière. Sa forme générale est tout à fait celle du thuya du Canada ; mais ses feuilles qui embrassent les jeunes rameaux en affectant la forme d'un croissant, leur couleur vert tendre émaillé de blanc, leur gracieuse découpure à travers la cime, donnent au Libocèdre du Chili un aspect infiniment moins sévère et plus élégant qu'au thuya de l'Amérique du Nord (fig. 31). Sous une écorce rugueuse et crevassée d'un brun cendré cet arbre cache un bois jaunâtre, résineux, dur, fortement aromatique.

Fig. 31. Rameau et cône de Libocèdre du Chili.

Il a pour patrie les vallées froides du sud de Andes Chiliennes, le volcan d'Antuco et les montagnes situées à trois degrés au nord de Valdivia, enfin les lagunes de Rauco.

Dans nos climats, le Libocèdre du Chili se montre rustique et ne paraît pas craindre les hivers : il sera plus prudent, toutefois, jusqu'à expérience plus approfondie, de le planter, quand on le pourra, en une situation abritée contre les grands froids.

Variété.

La variété *viridis* diffère de l'espèce par une verdure plus brillante, mais complétement privée de cette panachure blanche qui lui donne tant de charme.

II. LIBOCÈDRE DE DON. (Libocedrus Doniana). — 1842.

Thuya de Don, Dacrydium Velouté (Plumosum), Kawa-Ka, Yate, Kawa-Ha, Moco-Pico.

L'île d'Ika-Na-Mawi, la plus septentrionale des deux parties dont se compose la Nouvelle-Zélande, à peu près à nos antipodes, est la patrie du Libocèdre de Don. Il y croît dans des forêts voisines de la Baie des Iles ou Baie Shouraki, au Sud-Est du

cap Otou, et sur les montagnes de Nelson, au
nord de l'île du sud, à une altitude de 1,800
mètres. Il y acquiert de belles dimensions telles
que 25 mètres de haut, sur 2 à 3 mètres de
circonférence. Les rameaux sont couverts d'une
écorce brune, et les ramilles de feuilles fortement
imbriquées sur quatre rangs. Les strobiles sont
solitaires et dressés à l'extrémité de ramules très-
courts; leur longueur est de 10 millimètres et leur
largeur de 4 à 5 millimètres seulement : ils se
composent de quatre valves, deux longues et deux
très-petites, portant tou-
tes, un peu au-dessus
du centre de la face dor-
sale, une sorte de longue
épine dont la pointe se
relève dans le sens du
sommet du cône (fig.32).
Sous chaque écaille se
cache une graine munie
de deux ailes inégales.
D'un caractère différent
de celui du Libocèdre

Fig. 32. Rameau avec cônes de
Libocèdre de Don.

du Chili, l'aspect du Libocèdre de Don ne lui cède
cependant pas comme valeur décorative et ornementale, et son bois, dur, résineux, d'une belle

couleur rouge, paraît aussi de très-bonne qualité.

Sensible aux hivers du nord et du centre de la France, ce conifère antipodal supporte cependant, sans en souffrir, cinq degrés de froid, et pourra conséquemment s'acclimater dans nos départements du midi et du sud-ouest. Il faudra pour cela en obtenir des sujets par le semis, car ceux que l'on a cultivés jusqu'ici, provenant de boutures et de greffes, n'ont donné que des plantes compactes et buissonnantes sans analogie d'aspect avec les beaux Libocèdres de la Nouvelle-Zélande.

III. Libocèdre Tétragone. (Libocedrus Tetragona). — 1862.

Thuya Tétragone, Genevrier Uvifère, Pin Cupressoïde, Alerze.

L'introduction du Libocèdre Tétragone est toute récente et due à MM. Veitch. C'est un arbre remarquable, à tige très-droite, affectant soit la forme conique soit la forme d'une colonne et atteignant, dans un climat tempéré, 25 à 35 mètres de hauteur. Il croît dans le Chili méridional entre Valdivia et Chiloë; on le rencontre aussi dans les Andes de la Patagonie; en des vallées marécageuses, et jusqu'à la limite des neiges perpétuelles; aux abords du détroit de Magellan, il ne forme plus qu'un buisson.

Sa verdure est pâle ; ses feuilles, ovales, à peine longues de 4 millimètres, disposées sur quatre rangs, sont assez serrées pour dissimuler les branches qui les portent.

La station de l'*Alerze* s'étend du 40ᵉ au 55ᵉ degré de latitude australe, ce qui correspondrait, sur notre hémisphère à une zone dont les bords passeraient par le milieu de l'Espagne et le sud de l'Écosse ; il croît également à toutes les altitudes. Il y a donc tout à parier qu'il sera en France d'une naturalisation facile, et l'on ne saurait trop recommander la culture et la propagation d'un arbre si précieux.

DEUXIÈME GENRE. — CALLITRIS.

Une seule espèce encore compose le genre *Callitris*.

Énumérons rapidement les caractères génériques.

Fleurs monoïques, mais sur des rameaux différents ; cônes globulaires ou à quatre faces, et composés de quatre valves ligneuses alternées par paires inégales, tronquées à leur sommet (fig. 33) ;

graines à deux ailes , accusant trois légères arêtes et disposées deux à deux sous les grandes valves , une à une sous les petites ; feuilles cotylédonnaires au nombre de trois ou de six, quelquefois de quatre; feuilles normales très-petites , squamiformes, rangées par paires opposées et alternes , serrées ensemble par leur base contre le rameau ; tels sont les caractères d'un genre qui , surpassant en élégance de formes et en fraîcheur de teintes la plupart des autres cupressinées , a mérité un nom qui signifie *beauté* (Κάλλος, *callos*).

CALLITRIS QUADRIVALVE. (C. Quadrivalvis). — 1815.

Thuya Articulé, Thuya Inégal, Frénèle de Desfontaines.

Tantôt simple arbrisseau , d'autres fois arbre de dimensions moyennes , le *Callitris Quadrivalve* est toujours une plante charmante ; sa tige droite , ses branches étalées, sa cime arrondie , ses rameaux verts , nombreux , aplatis , rayés et formés d'une série d'articulations à la base desquelles s'appliquent des feuilles d'une ténuité extrême (fig. 33), donnent à ses formes un mélange d'ampleur et de délicatesse , de variété et de grâce qui le séparent nettement et au premier coup d'œil des autres

conifères du même ordre. La conformation exceptionnelle de ses rameaux lui a valu le nom de
Thuya Articulé sous lequel il est le plus connu.

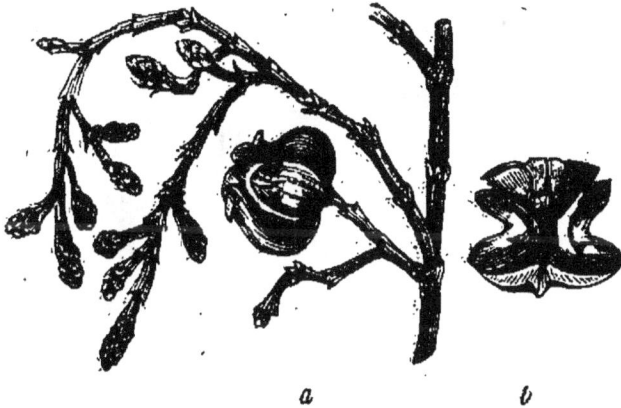

a   *b*

Fig. 33. Callitris Quadrivalve. — *a*. Rameau avec cône fermé.
b. Cône ouvert.

Les monts Atlas et diverses contrées de l'Algérie,
notamment les environs de Mascara et de Séïda,
les rives du Sig et l'Oued-el-Hammam, voient
croître le Callitris en grande abondance (1); il s'y
rencontre communément avec le Pin d'Alep et
forme avec lui des massifs extrêmement serrés qui
excluent toute autre végétation. Sa hauteur ne dépasse généralement pas six à sept mètres excepté
dans les fonds où elle s'élève davantage. Sa circonférence, à 4 pieds au-dessus du sol, ne paraît pas

(1). *Annales forestières*, année 1842, p. 416. — Article
signé : *Victor Renou*, inspecteur des forêts.

être jamais supérieure à un mètre. A la partie inférieure du tronc il existe de petites glandes qui secrètent une résine claire et limpide; c'est cette résine qui en se desséchant produit la *sandaraque*, cette substance si chère aux gens de bureau et aux gratte-papier de toute catégorie.

Les faibles dimensions du Thuya Articulé, sont largement compensées par les qualités exceptionnelles qu'offre son bois « dont la beauté ferait pâlir les placages les plus à la mode aujourd'hui.

« Rien n'est joli comme ce bois aux fraîches couleurs, aux nuances richement veinées et accidentées, qui se prêtent à tous les genres de fabrication, spécialement aux meubles de luxe; d'un grain fin et serré qui le rend susceptible du plus brillant poli, il exhale un parfum aussi délicat qu'agréable, et l'on peut dire que, fort rarement attaqué par les insectes et les agents atmosphériques, il est presqu'entièrement incorruptible et inaltérable (1). »

Les solives rondes qui entrent dans la construction de la plupart des maisons mauresques sont faites de ce bois et, grâce à son incorruptibilité, ont victorieusement résisté aux outrages du temps:

(1). *Annales forestières*, année 1853, p. 588 et 589. — Article signé: *Lambert*, inspecteur des forêts.

des poutres de Callitris, dit M. Carrière, ont été trouvées intactes dans des constructions qui dataient du quinzième siècle. Le même auteur ajoute que les Callitris, très-communs dans certaines parties du midi de la France, possèdent à un merveilleux degré la faculté de croître sur souche et qu'ils priment, sous ce rapport, plusieurs de nos arbres feuillus indigènes.

Le Thuya Articulé paraît avoir été connu des anciens, ce serait lui qu'Homère et Théophraste désigneraient sous le nom de Θυίον (*thyion*). Le *Citrus* de Pline, qui n'a d'ailleurs aucun rapport avec le *Citrus* (*Citronnier*), de Linné, mais qui croissait dans les montagnes de l'Atlas et servait à faire ces fameuses tables, si recherchées des Romains que Cicéron en acheta une au prix de un million de sesterces ; le *Citrus* de Pline, pourrait bien être notre Callitris : la beauté merveilleuse du bois de ces tables s'accorde avec ce que l'on sait actuellement du bois du Quadrivalve ; mais un doute résulte cependant de ce fait que les tables payées si cher par les Romains supposaient aux arbres d'où elles provenaient des dimensions que nous ne leur trouvons plus aujourd'hui.

Le Callitris croît souvent parmi d'arides rochers, entre lesquels se contournent et se tourmentent

ses racines qui arrivent ainsi à former certaines
nodosités, tout particulièrement recherchées par
les ébénistes.

Incapable de supporter les hivers du nord et du
centre de la France, le Thuya Articulé pourrait
être appelé, croyons-nous, à un grand avenir dans
nos départements du midi, surtout aux expositions
méridionales : les rares et précieuses qualités de
son bois pourraient en faire une source de richesse
industrielle, tandis que l'arbre en lui-même sera
toujours un des plus gracieux ornements des pays
qui auront réussi à le naturaliser.

TROISIÈME GENRE. — ACTINOSTROBE.

Ce genre, composé d'une seule espèce, l'*Actinostrobe Pyramidal* qui croît naturellement dans
les marais sablonneux et saumâtres longeant les
bords de la rivière des Cygnes, sur la côte occidentale de l'Australie, aurait pour nous quelqu'intérêt s'il pouvait être acclimaté sous notre ciel
tempéré. L'Actinostrobe Pyramidal n'est, il est vrai,
qu'un arbrisseau de 4 à 5 mètres; mais sa tige
cylindrique, sa cime arrondie et compacte, ses strobiles à six valves et ses feuilles ternées forment un
ensemble pittoresque qui est loin d'être sans char-

mes. Seulement, comme il ne supporte pas nos hivers sans le secours au moins de la serre froide, il ne saurait avoir d'avenir en notre pays.

Son nom, qui signifie cône rayé (ἀκτὶς, *actis*, rayon, et στρόβος, *strobos*, pris pour *cône*) à cause de cette disposition sur ses écailles, a été donné à toute la section : *Actinostrobées*.

Quatrième genre. — Widdringtonia.

Si les *Widdringtonias*, arbustes et arbrisseaux grêles et d'une apparence médiocre, réclamant le séjour hivernal de l'orangerie dans la majeure partie de la France, n'ont pour nous d'intérêt ni au point de vue décoratif et ornemental ni, bien moins encore, à celui de la sylviculture et de l'industrie, ils ne laissent pourtant pas de nous offrir un certain intérêt *théorique* ; nous allions dire *philosophique* si ce mot ne nous eût paru bien grave et bien solennel dans un travail aussi restreint et aussi modeste que le nôtre.

En recherchant les lieux d'origine et d'indigénat des arbres verts qui se sont jusqu'ici offerts à notre étude, nous avons parcouru toutes les parties de l'Europe et même le nord de l'Afrique, jusqu'aux îles Canaries ; nous avons traversé la Sibérie, visité le Japon, le *Céleste* Empire, l'Asie mineure, la Perse et l'Hindoustan d'où, franchissant le golfe de Bengale, nous avons pénétré, par Sumatra, Bornéo et Java, dans ces restes d'un continent submergé qu'on appelle l'Océanie; et l'Australie, le plus immense de ses débris, ne nous a pas fourni des types de conifères moins curieux que ceux des autres contrées du globe. Nous avons, de même, du Kamtschatka passé en Amérique; et le Canada, les États-Unis, la chaîne des Rocheuses, la Californie, le Mexique nous ont offert un immense tribut d'espèces nées sur leurs montagnes, dans leurs marais ou sur leur littoral; le Brésil, le Chili, la Patagonie même et la Terre de Feu nous ont aussi montré leurs spécimens.

Toutes les régions de notre monde, connues et suffisamment explorées, ont donc été mises à contribution pour composer et enrichir notre collection d'arbres verts; toutes, l'Afrique ultra-équatoriale exceptée. Nous n'avons pas doublé le cap de Bonne-Espérance ni visité Madagascar.

Les *Widdringtonias,* actinostrobées à strobiles quadrivalvaires, vont nous aider à combler cette lacune.

Le *W. Junipéroïde*, petit arbre au tronc droit et aux branches dressées ou étalées, portant des feuilles aciculaires dans la jeunesse, ovales à l'âge adulte, habite les côtes occidentales du Cap, jusqu'à neuf à douze cents mètres au-dessus du niveau de la mer.

Le *W. Cupressoïde* croît à la pointe même du Cap ; ce n'est qu'un arbuste de quatre à dix pieds de haut.

Comme son nom l'indique, le *Widdringtonia Natalensis* est un arbuste des environs de Port-Natal, ville située sur la côte sud-est de la pointe africaine, au-dessous du Monomotapa ; il ressemble au Cupressoïde avec une tige et des rameaux plus grêles.

Un autre Widdringtonia qui affecte une ressemblance analogue, est le *W. de Wallich* que sir Willam Hooker assure cependant être une espèce bien distincte du Cupressoïde : c'est aussi un habitant de la pointe du Cap.

Enfin le *Widdringtonia de Commerson* est un arbuste de Madagascar que l'on trouve aussi, mais à l'état cultivé, dans le jardin botanique de l'île Maurice.

Si l'on veut bien se reporter aux développements contenus dans le deuxième chapitre de notre 1er volume, on reconnaîtra que dès à présent se trouve vérifiée cette assertion, alors émise, que les arbres

résineux ou conifères sont répandus sur toutes les
parties du globe, embrassant ainsi l'universalité
de l'espace terrestre, comme ils ont occupé, avant
que l'homme ne fût envoyé en possession du
royaume qui se préparait pour lui, la presque to-
talité des temps anté-historiques.

C'est sous ce rapport que les Widdringtonias,
qui ne sont en France que des plantes de serre ou
d'orangerie, méritaient cependant une mention dans
ce traité.

CINQUIÈME GENRE. — FRÉNÈLE.

Les *Frénèles* nous ramènent dans des contrées
que déjà nous avons explorées. Ce sont des arbrisseaux de l'Australie, de la Nouvelle-Zélande et de
la Tasmanie ; leurs strobiles sont formés de six à
huit écailles valvaires, et leurs feuilles sont disposées sur trois rangs ; on en compte une vingtaine
d'espèces dont aucune ne peut, en France, supporter les hivers autrement que sous l'abri de l'o-
rangerie. Comme ils ne nous offrent pas d'ailleurs
l'intérêt spéculatif des widdringtonias, nous ne
nous y arrêterons pas davantage. On trouvera le
nom des espèces dans la table synonymique placée
à la fin du volume.

SECTION CINQUIÈME.

JUNIPÉRINÉES.

En abordant la section des *Junipérinées*, nous quittons les conifères vraiment dignes de ce nom. Déjà, dans les sections précédentes de l'ordre cupressinée, nous avons pu nous habituer à voir la forme des strobiles s'éloigner de plus en plus de celle du cône tel que nous l'avions observé dans les abiétinées et les araucariées-cunninghamiées. Du fruit du taxodium distique qui rappelle encore le vrai strobile, aux fruits des cyprès, des thuyas et des actinostrobées, le chemin parcouru est considérable et nous a rapprochés beaucoup des galbules du Genévrier. Ceux-ci, par la soudure réciproque et la consistance charnue de leur sécailles, deviennent de véritables *baies* dont quelques-unes mêmes sont comestibles ou possèdent des propriétés médicales.

Il n'existe qu'un seul genre de Junipérinée, le genre *Genévrier* (Juniperus); mais ce genre unique se partage en trois groupes. Les espèces dont le fruit est globulaire et uni et qui portent, trois par trois, des feuilles aciculaires, piquantes et réunies seulement à leur point d'insertion, même à un âge avancé et tant que l'arbre dure; ces espèces composent le groupe *Oxycèdre* (Cèdre Piquant, de ὀξύς, *oxus*, piquant).

Le groupe de Genévriers *Sabines* comprend les espèces dans lesquelles les feuilles sont opposées deux à deux ou trois à trois, légèrement divergentes, aciculaires, aiguës dans la jeunesse, squamiformes et lâchement imbriquées à l'âge adulte; leurs baies sont ordinairement nombreuses, globulaires, cylindriques ou ovoïdes, mais très-petites.

Dans le troisième groupe, les baies sont plus ou moins anguleuses et garnies à l'extérieur de bractées en saillie; les feuilles, disposées par paires opposées ou sur quatre rangs, sont petites, squameuses et, sur les plantes adultes, étroitement imbriquées comme chez les Cyprès: c'est le groupe *Cupressoïde*.

Le *polymorphisme* des feuilles auquel nous avons fait allusion au commencement de ce chapitre est très-prononcé dans le second et le troisième groupes. Issus de semis, les jeunes Genévriers, dit M. Carrière, n'ont d'abord que des feuilles aciculaires; quelques espèces les conservent même longtemps, au moins en partie; d'autres les perdent assez promptement; enfin il en est — les oxycèdres — qui n'en n'ont jamais d'autres. Cette variation dans la forme des feuilles fait que les plantes d'une même espèce sont souvent très-différentes les unes des autres.

Le Génevrier était connu des anciens. Peut-être l'ont-ils parfois confondu avec le cèdre dont ils donnaient le nom, — comme on le fait d'ailleurs de nos jours encore, — à des genres n'ayant rien de commun avec le roi des arbres du Liban. Pline parle de deux petits cèdres semblables à des Genévriers (1), et Théophraste paraît avoir désigné ces derniers par les mots Κέδρος (kedros) et Αρκευθος (arkeuthos). Virgile mentionne aussi les Genévriers quelque part, et la Bible, au livre III des Rois, parle d'un Genévrier à l'ombre duquel le prophète Élie s'arrêta et s'endormit (2).

La plupart des espèces de ce genre ne nous donnent que des arbrisseaux et des arbustes. Quelques-unes cependant produisent des arbres, pouvant s'élever jusqu'à 15 ou 20 mètres de hauteur, et d'après les explorations les plus récentes, il existerait en Californie une espèce géante qui parviendrait à balancer la pointe de sa flèche à 35 mètres au-dessus du sol.

(1). Plin. — Lib. XIII, Cap V.

(2) « Cumque venisset (Elias) et sederet subter unam *Juniperum...* projecit se et obdormivit in umbra *Juniperi...* » Lib. III, Reg. Cap XIX, § 4 et 5.

Les Genévriers sont ordinairement *dioïques*, les fleurs de chaque sexe habitant des arbres différents. Ils croissent dans les sols les plus maigres et les plus arides, au plus rude soleil, comme parfois sous le plus épais ombrage ; les terrains calcaires, crayeux, rocailleux ou siliceux sont leur partage ordinaire. On les rencontre beaucoup plus rarement dans les sols argileux et alumineux, presque jamais dans les terres marécageuses ou humides.

L'aspect et les qualités du bois varient sans doute avec les espèces ; mais il a comme avantages généraux d'être toujours élégamment veiné, d'un beau poli, d'une grande durée, inattaquable par les insectes au point que sa fumée, lorsqu'il brûle, suffit à les faire disparaître. Les fameux jambons de Mayence doivent leur parfum si prisé des gourmets aux branches de Genévrier qu'on emploie pour les fumer.

GENRE UNIQUE.

GENÉVRIER.

1ᵉʳ GROUPE. — GENÉVRIERS OXICÈDRES.

A feuilles constamment aciculaires et à fruits lisses.

I. GENÉVRIER COMMUN. — (Juniperus Communis.)

Genévrier Mineur, Genévrier Vulgaire.

Avez-vous vu parfois, dans vos promenades champêtres, un petit buisson d'une verdure pâle et terne recouvrir de loin en loin les fissures d'un aride rocher ou croître par bouquets sur la lande déserte et parmi les bruyères du versant exposé à tous les soleils? Si vous vous en approchez, regardez-le, mais n'y touchez pas ; autant votre main rencontrerait de ses feuilles ténues, autant d'aiguilles pénétreraient votre épiderme.

Fuyant les ardeurs du jour, vous gagnez la forêt voisine, et sous l'abri bienfaisant de la voûte feuillée, vos yeux, bientôt accoutumés au demi-jour qui règne dans les hauts taillis, ne tardent pas à rencontrer encore le même arbuste que sur le côteau dénudé ou dans la plaine en friche ; mais il est d'une forme différente : au lieu de buissonner il file droit comme une colonnette légère et ne paraît pas plus souffrir de l'ombre épaisse qui le surplombe que ses pareils du soleil ardent.

Chacun a reconnu le *Genévrier Commun*.

De la Laponie au Portugal, des Pyrénées aux monts Altaï, de la mer de Béring au golfe de Gas-

cogne, des Alpes et des Appenins aux Balkans et
au Caucase, ce rustique arbuste étend sa végétation
modeste mais énergique sur les hauts sommets
comme au bord des vallées, sur les collines comme
dans les plaines. Son altitude, dans les Alpes françaises, s'élève à 1,600 mètres.

Il n'est pas beau ; mais disposé en quelques
groupes choisis avec sobriété, il produit cependant
comme contraste, un effet assez pittoresque. Livré
à lui-même il parvient encore, à la longue, à 4 ou
5 mètres de hauteur. Coupé près de terre, il donne
des rejets sur le vieux bois ; mais l'extrême lenteur de sa croissance ne permet pas de tirer grand
avantage de cette faculté. Il rend cependant des
services de plus d'une nature : dans les reboisements, on l'emploie comme essence *préparatoire*;
on le sème sur la neige en des sols par trop arides
pour porter aucune autre végétation ; sa graine,
amolie par le contact prolongé de l'humidité,
germera quand le soleil printanier aura dépouillé
la montagne de son voile virginal, et fournira au
sol un abri protecteur à l'aide duquel des espèces
plus précieuses pourront aussi germer un jour. —
Semée autrement que sur la neige, cette graine
doit être confiée à la terre dès l'automne, pour lever
au printemps suivant.

Les baies de genévriers forment d'excellentes clôtures. — Le bois, tenace, compacte et légèrement aromatique, produit un bon combustible.

Fig. 34. Rameau de Genévrier commun, chargé de baies en galbules.

Les *grains de genièvre*, c'est-à-dire les baies u fruits de l' arbuste servent à la fabrication du gin cet antiscorbutique des hommes de mer, de la *genevrette* et de l'eau-de-vie dite *de genièvre*. Ces fruits sont globulaires, gros comme des pois, verts la première année, noirs à maturité et recouverts d'un duvet ou *fleur* verdâtre. Les feuilles, raides, très-piquantes et longues de 8 à 15 millimètres sont souvent rayées de blanc à la face supérieure (fig. 34).

Variétés.

Les Genévriers de *Suède* et d'*Irlande* (Juniperi Communes, *Suecica* et *Stricta Hibernica*), sont de très-jolis arbustes formant l'obélisque et dont le feuillage épais et touffu est d'une verdure grisâtre chez le second, jaune clair chez le premier. Groupés avec art, ils produisent de jolis effets de contraste.

Les deux variétés *à branches étalées*, *Oblongue* ou *à fruits de thuya* (Reflexa, Oblonga, Thuyœcarpos), et *à rameaux pendants* (Pendula), ont les feuilles plus longues et plus larges ; leurs noms indiquent d'ailleurs leurs caractères. Nous en dirons autant des variétés *Naine* et *Comprimée* (Compressa); cette dernière se rattache à la forme *Hibernica* ; la première, connue aussi sous le nom de *Genévrier de Montagne* ou *des Alpes*, est un arbrisseau couché qui se distingue à ses feuilles lancéolées, plus larges, plus courtes et appliquées contre les rameaux (fig. 35); il ne s'élève pas à beaucoup plus d'un pied au-dessus du sol, mais il rampe au loin : Il est souvent attaqué par un puceron plat, dont sa tige et ses branches sont quelquefois entièrement couvertes.

Le Genévrier *Roussâtre* (Rufescens) que quelques auteurs considèrent comme une espèce distincte, peut se rattacher au Genévrier Commun; il en diffère par des feuilles plus courtes, plus étroites, plus épaisses, partiellement imbriquées, des rameaux plus nombreux, une plus haute taille, des fruits plus gros, dépassant les feuilles, et d'un beau rouge brillant; à l'état sec, son bois reluit comme de l'argent.

Fig. 35. Rameau de Genévrier Commun, variété *Naine* ou *des Alpes*.

Il croît aux îles Açores, en Portugal, en Espagne, en Corse, en Italie et jusqu'en Asie-Mineure.

II. GENÉVRIER CADE. (Juniperus Oxycedrus).

Genévrier de Montpellier, de Wittmann, Oxycèdre.

Il n'est pas certain que le Genévrier *roussâtre* Rufescens) dont nous venons de parler comme d'une variété du Genévrier *commun*, ne soit pas plutôt une variété de l'Oxycèdre : Il s'en rapproche tout à fait par la couleur et les dimensions de sa baie. Mais le Genévrier Cade a les feuilles beaucoup plus étalées et sensiblement plus larges que celles de son congénère vulgaire (fig. 36); il le dépasse aussi en hauteur, pouvant atteindre 6 à 8 mètres d'élévation, soit en touffe rameuse dès la base, soit en tige verticale, dénudée jusqu'à 3 ou 4 mètres et portant une cime à branches étalées et quelquefois pendantes.

Il croît dans le midi de la France ; on en cite un, près de Draguignan, qui, sur une hauteur de 20 pieds, avait en 1844 une circonférence à la base de 3^m30 environ (1).

Fig. 36.

Rameau de Genévrier Oxycèdre ou Cade, avec une baie.

Le littoral méditerranéen presque tout entier, y compris l'Afrique jusqu'au mont Atlas, possède aussi ce Genévrier connu des anciens qui en employaient, dit-on, le bois à la fabrication de

(1) Loiseleur-Deslongchamps. *Annales forestières,* année 1844, p. 147.

leurs idoles. Ce bois est en effet d'un rose tendre ou d'un brun clair élégamment veiné qui le rend très-agréable à la vue. Sa fibre contournée ajoute à sa teinte naturelle des reflets chatoyants qui en augmentent la beauté; son parfum aromatique est fort et persistant. On l'emploie en ébénisterie et à la fabrication des crayons. Au feu, il flambe vite et éclate en brûlant, mais il donne un charbon estimé.

L'huile de Cade qu'on en extrait est empyreumatique, vermifuge, d'une odeur pénétrante, et sert à diverses préparations de la pharmacopée médicale et vétérinaire.

Variétés.

L'Oxycèdre *en hérisson* ou Genévrier Cade *Echiniforme* est un petit buisson compacte, ramassé, trapu, arrondi, à rameaux très-courts et qui rappelle parfaitement par sa forme le petit animal dont on lui a donné le nom (*Echinus*, hérisson).

Cette variété, que l'on rencontre dans la Caroline et sur le mont Etna, jusqu'à 2,700 mètres d'altitude, serait, d'après quelques auteurs, identique avec le *Genévrier Hémisphérique*.

Enfin il existe dans les îles Canaries, particulièrement à Ténériffe, un *Juniperus* appelé spécifiquement *Cedrus* ou *Cedro*, et qui paraît aussi n'être qu'une simple forme, appropriée à ce climat quasi-tropical, de notre Genévrier Cade. Il ne dépasse pas 8 à 10 pieds de hauteur.

III. Genévrier Caryocèdre ou a drupes (1). (Juniperus Caryocedrus vel Drupacea.)

Genévrier Majeur, G. à larges feuilles, Drupacé.

A ses feuilles larges et étalées, à ses rameaux

Fig. 57. Rameau et drupe de Genévrier Caryocèdre ou Drupacé.

(1) Caryocèdre, de χάρυον (caryon), noix; littéralement cèdre à noix.

souvent pendants, à ses fruits surtout, gros comme
de petites noix et où la trace des écailles est nettement accusée sur la baie charnue (fig. 37), on reconnaît aisément le plus élégant et le plus ornemental des
Genévriers, le Caryocèdre. L'arbrisseau ne dépasse
pas 8 à 10 pieds de hauteur, mais il est d'un effet
charmant, surtout quand il est chargé de ses gros
galbules violets ou d'un rouge acajou foncé, recouverts d'une efflorescence bleuâtre.

Originaire de la chaîne du Liban où il croît presque toujours associé au cèdre, et des montagnes
du nord de la Syrie, le Genévrier à drupes est encore rare en France et mériterait d'y être propagé
autant pour ses qualités décoratives que pour son
fruit qui est comestible et très-recherché des indigènes.

IV. Genévrier a gros fruits. (Juniperus Macro-carpa.)

Genévrier Allongé (Oblongata), Elliptique, de Fortune, de
Biassoletti.

Il ne faudrait pas que la dénomination spécifique
de ce Genévrier le fit confondre avec le précédent.
Cette dénomination est du reste assez vicieuse;
car, pour être plus gros que la baie du Genévrier

commun, le galbule du Genévrier à gros fruits est loin d'atteindre les dimensions de la baie du Caryocèdre (10 à 12 millimètres dans le plus grand diamètre).

Des feuilles plus déliées, plus pointues, plus fournies, d'une verdure beaucoup plus argentée que chez les autres Genévriers, distinguent celui qui nous occupe en ce moment (fig. 38).

A maturité, les baies passent du vert glaucescent qu'elles affectent la première année, à une teinte d'un pourpre foncé presque noir. Un léger duvet les recouvre.

Fig. 38. Ramule ou baie de Genévrier à gros fruits.

Le littoral méditerranéen, nommément l'Espagne, l'Italie, la Grèce, l'Algérie, voient croître naturellement le Genévrier *à gros fruits*.

2ᵉ GROUPE. — GENÉVRIERS SABINES.

A feuilles polymorphes, aciculaires dans la jeunesse, squameuses et lâchément imbriquées à l'âge adulte.

V. Sabine Commune [j] (Juniperus Sabina Vulgaris).

Genévrier de Lusitanie, de Lycie, d'Hudson ; Sabine fétide,
Multicaule, Cupressifoliée.

En outre de sa forme la plus habituelle, qui lui a valu son nom (*Vulgaris*), la Sabine commune en affecte quelques autres que nous mentionnerons aux variétés. Dans sa forme principale, sous laquelle on l'appelle quelquefois *Sabine Mâle*, c'est un arbrisseau de 1 à 4 mètres d'élévation, dont le tronc dressé est revêtu d'une écorce brune ou rougeâtre, et qui, rameux dès la base, porte sur des branches procumbantes mais élevées au sommet, un feuillage touffu, serré et d'une verdure sombre et noire.

Les feuilles, aciculaires et longues de 4 à 8 millimètres dans le premier âge et sur quelques rameaux de la plante adulte, sont sur la très-majeure partie en forme d'écailles lâchement imbriquées, munies au dos d'une glande résinifère d'un jaune brillant (fig. 39).

Fig. 39. Rameau (réduit) de Genévrier Sabine, à l'âge adulte.

Les baies, grosses comme des pois, sont ovales, allongées, lisses, d'un violet foncé et efflorescent.

La plante « possède dans toute ses parties une saveur âcre et amère, une odeur pénétrante et désagréable, et elle a des propriétés médicinales énergiques. Le bois est brunâtre, fétide, avec un aubier blanc nettement tranché (1). »

La Sabine commune se rencontre dans les Pyrénées, l'Espagne, les Alpes françaises et sardes, dans les Apennins, en Grèce, en Tauride, au Caucase et jusque dans les montagnes de la Sibérie, dans le nord de l'Amérique, aux abords du lac Huron et dans la chaîne des Rocheuses.

Les sols les plus pauvres, les situations les plus exposées lui sont indifférents.

Variétés.

La forme *Humilis*, appelée aussi *Horizontalis* et quelquefois *Prostrata* (2), ne s'élève pas ; sa tige et ses rameaux restent couchés et étalés sur le sol.

La variété *Tamariscifolia* (à feuilles de Tamarix) ou *Sabine Femelle*, forme un buisson rampant d'un

(1) M. Mathieu, *Flore forestière.*

(2) Eviter cette dernière dénomination pour ne pas faire confusion avec l'*espèce* qui porte le même nom.

vert argenté et rempli d'élégance. Elle peut servir
à former des bordures autour des pelouses.

Le nom de la variété *Panachée* indique en quoi
elle diffère des autres ; elle est du reste plus délicate et se dégarnit promptement du bas.

La Sabine, sous toutes ses formes, est éminem-
ment propre à garnir les talus ou monticules rocailleux, rochers artificiels ou naturels, et tous endroits où l'on cherche à créer un site agreste et
sauvage.

VI. Genévrier Recourbé [ij] (Juniperus Recurva, vel Incurva). — 1822.

Genévrier Cambré (Repandus), G. Vieillissant (Canescens),
G. du Népaul.

La station de ce Genévrier est principalement
sur le mont Gossainthan, dans le Boutan et le Népaul, à une altitude de 2 à 3 mille mètres. Les indigènes l'appellent « Aroo » ou « Uguroo ; » et
ces mots signifieraient que cette plante habite les
roches où nichent les aigles.

C'est un arbuste de 5 à 10 pieds de haut, d'un
aspect élégant et distingué. Ses branches sont recourbées, pendantes, rugueuses, tortues (fig. 40) et
revêtues d'une écorce écailleuse dont la couleur est

brun foncé. Jeunes, les feuilles sont d'un gris verdâtre ; vieilles, elles revêtent une couleur de rouille

Fig. 40. Rameau (réduit) de Genévrier Recourbé.

et semblent malades et dépérissantes, ce qui donne à
tout l'arbuste une apparence de langueur toute particulière. Elles sont d'ailleurs ternées, linéaires et
lancéolées, lâchement imbriquées, convexes en
dessous et ont la pointe en de-
hors. Les baies sont oblongues
(fig. 41), d'une couleur pourpre
foncé ou violet noirâtre, lisses et brillantes à maturité :
elles contiennent chacune une
graine.

Fig. 41. Baie de Gené-
vrier Recourbé.

Dans la plupart des Genévriers, nous l'avons dit,
les fleurs sont dioïques, c'est-à-dire séparées par
sexes sur des individus différents. Dans l'espèce
qui nous occupe, les sujets qui portent les fleurs

mâles diffèrent de ceux qui portent les fleurs à fruits. Ces derniers, plus répandus dans les collections, sont moins élevés, accusent plus de légèreté, et ont leurs feuilles un peu plus étroitement imbriquées ; les mâles ont ces organes plus allongés et moins serrés, et présentent un aspect plus touffu.

Le *Genévrier Recourbé* est assez rustique dans nos cultures, pourvu qu'il soit en sol frais et un peu abrité contre le gros soleil.

VII. GENÉVRIER TOUFFU [iij] (Juniperus Densa).

Longtemps on a confondu cet arbuste avec le précédent. Il en diffère toutefois. Ses feuilles sont généralement verticellées par trois, étalées, linéaires, lancéolées, aiguës, piquantes, d'un gris cendré ou d'un vert jaunâtre. Les baies sont de la grosseur d'un petit pois, d'un bleu glauque et foncé, résineuses, aromatiques ; chacune d'elles contient trois graines.

Le *Genévrier Touffu* forme un arbuste très-fourré de 1 à 2 mètres, et se rencontre dans diverses parties des Alpes Thibétaines, à une altitude de 3 à 5,000 mètres. Les Indiens emploient sa résine comme encens.

Un sol humide et une situation ombragée lui réussissent mieux qu'un terrain exposé et aride.

VIII. Genévrier de Virginie ou de la Caroline, (Juniperus Virgiana vel Caroliniana). — 1864.

Cèdre Rouge, cèdre de Virginie.

Laissons les Sabines naines, rampantes ou buissonneuses, pour passer aux Sabines arborescentes. La plus répandue chez nous est celle que les jardiniers appellent du nom impropre de CÈDRE *de Virginie* et les Américains de l'appellation non moins impropre de CÈDRE *Rouge*. Le Genévrier de la Caroline se rencontre naturellement dans les Antilles, les Lucayes, la Floride et tout le littoral Ouest-Américain jusqu'à la Nouvelle-Écosse et à l'île de Terre-Neuve. Il atteint communément 15 à 18 mètres de hauteur sur un mètre 1/2 à 2 mètres de circonférence, et dépasse même parfois, dans de bonnes conditions de sol et de climat, ces belles dimensions.

De tous les Genévriers, celui qui nous occupe en ce moment, est peut-être le plus polymorphe et le plus variable dans son port, son aspect, ses apparences extérieures. Pendant la jeunesse il porte des feuilles aciculaires et piquantes dont la verdure

plus ou moins accusée donne quelquefois des reflets bruns ou roux ; au bout de peu d'années suc-

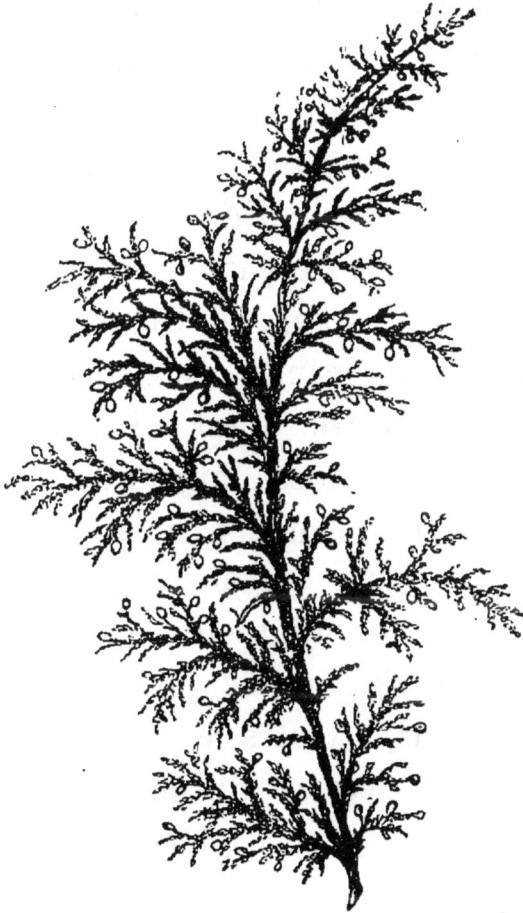

Fig. 42. Rameau chargé de baies (le tout réduit),
de Génévrier de Virginie.

cèdent des feuilles squameuses et imbriquées,
très-tenues, étroitement appliquées contre les rameaux qui rappellent un peu ceux du cyprès fili-

forme (thuya biota, var. pendula). Tel est l'aspect le plus ordinaire, mais variant d'ailleurs à l'infini, du *Genévrier de Virginie* (fig. 42).

Chez cet arbre, les fleurs, par exception à celles de ses congénères, sont ordinairement monoïques ; la séparation des organes des deux sexes s'observe cependant quelquefois sur des sujets différents.

Le bois du soi-disant *Cèdre* Rouge « est léger et tendre, mais n'en passe pas moins pour incorruptible. On en fait des seaux, des baquets, du bardeau, de la charpente, des canots. Sa couleur est rougeâtre et son odeur suave. C'est lui qui supplée au Genévrier des Bermudes, aujourd'hui très-rare, par la grande consommation qu'on en a fait pour le revêtissement des crayons de plombagine ou *mine de plomb*. Aucun insecte ne l'attaque (1). »

Le Genévrier de Virginie est rustique et croît dans tous les sols, à toutes les expositions ; il préfère les terrains secs et siliceux. Le jeune plant aime un léger ombrage pendant les premières années.

Comme arbre décoratif, ce Genévrier s'emploie soit isolément au milieu des pelouses, soit par groupes au premier plan des bosquets. Il produit

---

(1) Bosc et Baudrillart. — *Dictionnaire de la culture des arbres.*

peu d'effet en massifs. On en fait aussi des avenues, des rideaux et des abris.

Variétés.

Nous allons énumérer les principales, parmi les innombrables variétés nées, naissantes ou à naître, du Genévrier de la Caroline.

Variété *Buissonneuse* (Dumosa). — Arbrisseau de 4 à 5 mètres de hauteur, large et compacte , dans lequel les feuilles aciculaires prédominent de beaucoup sur les feuilles squamiformes.

Variété *Glauque* se distinguant par la teinte de son feuillage.

Variété *Pendante* (Pendula). — Branches longues, effilées et pendantes, rappelant celles du saule pleureur ; verdure plus claire que sur l'espèce.

Variété *Cendrée* (Cinerea vel Cinerescens). — Jeunes pousses, rameaux et ramules d'un gris cendré brillant, fort agréable à l'œil.

Variété *Panachée d'argent* (Variegata argentea). — Avec la même croissance et la même forme que l'espèce , cette variété entremêle la verdure de l'arbre d'un certain nombre de feuilles d'un blanc neigeux formant une panachure de beaucoup d'effet (catalogue de Van Geert).

Variété *Panachée d'or*. — Arbrisseau dressé ou

étàlé, ne portant que des feuilles aciculaires, panachées ainsi que les ramules de jaune vif. Tempérament délicat (Carrière).

Variété *Humble* ou *Naine* (Humilis). — On dirait
d'une espèce différente du type, tant l'arbuste a
un aspect particulier dans ses deux ou trois pieds de
stature. Il n'a que des feuilles aciculaires et courtes,
portées sur de petites branches s'écartant à angle
.droit les unes des autres. On croirait voir la miniature d'un grand arbre. Tempérament rustique
(catalogue de Van Geert).

IX. Genévrier des Bermudes (Juniperus Bermudiana.) — 1683.

Le Genévrier es Bermudes, devenu rare · dans
ces îles sentinelles avancées du continent nord-
américain, ne tend pas non plus à devenir commun
en France dont il ne supporte que difficilement les
hivers. Il a de l'analogie comme aspect et surtout
comme bois avec son congénère de Virginie, et
sert comme lui à la fabrication des crayons. Dans
cet arbre, les feuilles aciculaires ne font place aux
feuilles squamiformes que lorsque le jeune sujet est
parvenu à peu près à l'âge adulte.

Variété.

Le *Genévrier de Webb*, habitant des îles Canaries, paraît n'être autre que le Genévrier des Bermudes modifié sous l'influence d'un climat différent. C'est un grand arbre, remarquable, dit M. Carrière, par ses rameaux et ramules minces, allongés, à peine ramifiés, et par ses galbules assez nombreux et épars sur presque toute la longueur des rameaux.

X.   Grand Genévrier (Juniperus Excelsa).
— 1830.

Genévrier Fétide, G. d'Orient, G. de Tauride, G. Squarruleux.

Dans l'Archipel grec, en Tauride, en Syrie, entre Tiflis et Érivan (Arménie), en Georgie, en Perse et, dit-on, jusque sur la montagne hymalayenne de Gossainthan, il existe un Genévrier arborescent qui, sans dépasser les dimensions de notre faux *Cèdre* de Virginie, a cependant obtenu le nom spécifique de *Grand*, sans doute par comparaison avec ceux de ses congénères qui végètent dans les mêmes parages. C'est un arbre d'un port tout caractéristique : il offre l'aspect d'une pyramide compacte et régulière, surmontée d'une flèche effilée, d'un vert pâle et blanchâtre, et le tout fait penser aux formes sveltes et délicates de nos clochetons gothiques.

Les feuilles sont opposées, très-tenues, très-aiguës, lâchement croisées à la base, mais étalées de la pointe dans la jeunesse (fig. 43); sur le vieux sujets elles sont courtes, épaisses, ovoïdes, imbriquées, et portent une glande épaisse sur le dos. Les baies sont sphériques, grosses de 8 à 10 millimètres de diamètre, et portées à l'extrémité de ramilles écourtées ; quelques nervures peu apparentes indiquent la soudure des écailles.

Le *Grand Genévrier* se greffe sur le genévrier de Virginie, mais comme il a une croissance plus rapide, la greffe ne tarde pas à former un bourrelet au point de soudure, et le tronc reste grêle comparativement au corps de la cime et des branches principales.

Fig. 43. Ramule de Grand Genévrier.

Une situation abritée contre les grands froids et plus encore contre le gros soleil est, dans nos climats, nécessaire au Grand Genévrier.

Forcé de nous restreindre pour ne pas dépasser
les limites qui nous sont assignées, nous nous
contentons d'une simple mention, à la table synonimique, de quelques autres genévriers du deuxième
groupe qui mériteraient assurément d'être étudiés,
mais qui, moins importants, peuvent être sans
grand inconvénient passés sous silence.

TROISIÈME GROUPE. — GENÉVRIERS CUPRESSOÏDES.

Feuilles petites, aciculaires dans la jeunesse et étroitement
imbriquées à l'âge adulte. — Fruits plus ou moins anguleux et garnis de bractées ou proéminences extérieures.

XI. GENÉVRIER DE PHÉNICIE (Juniperus Phœnicea) — 1680.

Genévrier Dioscoride, G. à fruits durs (J. Sclerocarpa).

« Le Genévrier de Phénicie est un petit arbre
gracieux, parfaitement garni depuis le bas de la
tige de branches qui se recourbent en girandoles
et se chargent de baies d'abord vertes, puis jaunâtres lors de la maturité (1). » Il atteint *communément* 6 à 8 mètres de hauteur sur 1 mètre *et
plus* — parfois beaucoup plus — de circonférence,
« reste rameux dès la base et forme à lui seul,

(1) De Mortiliers.

vers l'embouchure du Rhône, dans la Camargue, non loin de Marseille, des fourrés d'une grande étendue, touffus et presque impénétrables (1). » Il croît aussi aux environs de Nice, en Calabre, en Sicile, sur le littoral méditerranéen de l'Adriatique, des îles Ioniennes et du Levant. Dans les gorges et sur les versants de l'Atlas, bien probablement aussi dans le Djurjura et la Kabylie, le Genévrier de Phénicie se rencontre avec le genévrier cade et le thuya articulé qu'il surpasse fréquemment en dimensions. Cette dernière circonstance a donné à penser à Loiseleur-Deslongchamps que le fameux bois de *Citrus* des Romains que l'on avait cru reconnaître dans le callitris quadrivalve, serait plutôt le Genévrier dont nous nous occupons en ce moment et peut-être aussi l'oxycèdre. « Le tronc de ces deux arbres, dit-il, a l'aspect de celui du cyprès ; leur bois est, de même, odorant, et leur feuillage toujours vert peut aussi lui être comparé surtout celui du Genévrier de Phénicie... Ce qui appuie encore cette opinion c'est que les genévriers forment en général des arbres beaucoup plus gros que le thuya articulé... Puis ils sont le plus souvent très-veineux à leur base, ce qui doit rendre leur bois très-noueux

(1) Mathieu.

dans cette partie, et susceptible de se madrer et de
se veiner comme étaient les tables précieuses ,
ordinairement d'une seule pièce , que les Romains
faisaient avec le *citrus* (1). »

Pline compare l'arbre qu'il appelle *Thya* et *Citrus*
au cyprès femelle ; il ajoute que le mont Ancona-
rius de la Mauritanie Citérieure a fourni les plus
beaux de ces arbres, alors épuisés. Les habitants
du pays, dit-il plus loin, pour perfectionner le bois
du Citrus , enfouissent son tronc encore vert dans
la terre, puis ils le frottent de cire. Ensuite les ou-
vriers avant de le travailler, l'exposent pendant
sept jours sur des monceaux de blé , et ils le laissent encore sept autres jours sans l'employer ; il
est étonnant combien il diminue de poids par ce
moyen. Les naufragés ont appris depuis que l'eau
de la mer le condense et lui communique une dureté à laquelle il ne parviendrait pas d'une autre
manière (2).

Au temps de Pline, l'histoire naturelle et surtout
la classification étaient loin d'avoir accompli les
perfectionnements auxquels elles sont aujourd'hui
parvenues : il n'y aurait rien d'étonnant à ce que

(1) Loiseleur-Deslongschamps. — *Annales forestières ;*
année 1864.

(2) *C. Plin. Secund. op.* Lib. XIII, Cap XV et XVI.

plusieurs arbres eussent été confondus par le naturaliste romain, sous les noms de *Thya* et de *Citrus*, et à ce que, par suite, le bois si précieux qui en provenait eût été réellement celui de plusieurs des cupressinées qui sont indigènes dans le nord de l'Afrique. Notre Genévrier de Phénicie était probablement du nombre.

Quoi qu'il en soit, voici ce que M. Mathieu nous apprend des qualités de son bois tel qu'il croît sur les rivages fortunés au bord desquels florit la Cannebière : « Le bois a le grain fin ; il est tenace, susceptible d'un beau poli ; il est blanc, coloré au cœur de brun jaunâtre ou rougeâtre assez vif ; il a la propriété de ne pas travailler quand il est exposé aux variations de l'atmosphère et il possède une odeur aromatique, légère et agréable. — Il est bon combustible et fournit un charbon estimé. »

« L'arbre paraît se plaire principalement dans les sols meubles et siliceux et il convient très-bien pour la fixation des dunes, car les vents de la mer ne le font pas souffrir. »

Dans sa première jeunesse il porte des feuilles aciculaires qu'il ne tarde pas à perdre plus ou moins complétement pour en prendre d'autres squamiformes, ovales, obtuses, étroitement imbriquées (fig. 44) et creusées d'un sillon sur le dos. Ordinairement séparées sur des individus différents, les fleurs sont quelquefois, mais accidentellement monoïques. Les galbules sont bosselés, d'une couleur jaunâtre, orange ou rousse et dans tous

Fig. 44. Rameau réduit de Genévrier
de Phénicie.

Fig. 45. Galbules
de G. de Phénicie.

les cas luisante ; ils sont portés sur des pédoncules très-courts, leur grosseur est à peu près celle d'un pois (fig. 45) : leur pulpe est sèche et fibreuse et recouvre trois ou cinq graines.

Variété.

La variété *de Lycie* ou *à fruits mous* (Melacocarpa) appelée encore *Fausse-Sabine*, *Filicaule*,

Queue de rat (Myosuros), diffère de l'espèce en ce qu'elle est plus menue, plus déliée, plus grêle dans toutes ses parties, et cependant plus étalée, plus buissonneuse, plus foncée en verdure ; ses baies sont aussi plus grosses, plus rondes, moins anguleuses, plus molles, et leur couleur à maturité devient noire et glauque et non plus jaune ou rouge et luisante.

Outre les lieux dans lesquels on rencontre l'espèce, cette variété habite aussi la Sibérie, où elle devient un arbuste rampant ; souvent elle nous est venue des jardins russes, sous le nom de *Juniperus Davurica* du professeur Pallas, et de *J. Pseudosabina* du docteur Fischer (1).

Le Genévrier de Lycie produit une gomme résineuse appelée Oliban et employée comme encens dans les églises (2).

XII. Genévrier de la Chiné (Juniperus Chinensis).

Genévrier Dimorphe ou à deux formes.

Le *Genévrier de la Chine* ne fait point exception à la règle presque générale de dioïcisme que nous

(1) Gordon.
(2) Gordon. — Senilis.

avons vérifiée chez la plupart de ses congénères.
Bien mieux il l'accuse et l'accentue au point d'affecter deux formes distinctes, l'une pour les individus chargés des fleurs mâles, l'autre pour ceux
qui portent les fleurs femelles et plus tard les baies
ou galbules. Sous l'un ou l'autre aspect, il forme
un arbrisseau de 6 à 8 ou 10 mètres de hauteur
que l'on rencontre abondamment en Chine, au
Japon, dans l'île Liu-Kiu et les îles voisines, et
supporte parfaitement nos hivers les plus rigoureux.

FORME MALE. — GENÉVRIER DE THUMBERG.

G. en Autruche (Struthiaca).

Le *Genévrier mâle* de la Chine est, d'après M. Van
Geert, un des arbrisseaux verts les plus précieux
pour notre climat. D'un port tout à fait pittoresque,
d'une verdure claire et gracieuse, il se couvre au
printemps d'une quantité innombrable de petites
fleurs qui, au plus léger soupir de la plus légère
brise, laissent échapper en nuages d'or le fécondant
pollen qu'attendent, vierges encore, les fleurs du
Genévrier femelle. Ses branches sont nombreuses,
dressées, très-ramifiées et leurs rameaux et ramilles s'étalent horizontalement ; les feuilles sont les

unes aciculaires et assez longues (6 à 12 millièmes), les autres squameuses et fortement appliquées contre le ramule. Les branches chargées des premières ont un reflet argenté qui, entre-mêlé à la verdure franche des rameaux écailleux, produit un coup d'œil fort agréable.

FORME FEMELLE. — GENÉVRIER FLAGELLIFORME.

G. Grêle, G. de Corney, G. Incliné (J. Cernua).

La forme femelle diffère de la précédente par ses branches moins dressées, par ses nombreux rameaux tout chargés de ramules pendants, par ses feuilles squameuses qui sont plus petites et plus comprimées, par l'absence presque complète de feuilles aciculaires, enfin par une verdure plus uniforme et plus claire. Les baies sont très-petites et, à maturité, d'une couleur brun violacé et glauque; leur forme varie : ronde ici, anguleuse ailleurs, à

Fig. 46. Ramule et baies de Géné. vrier Flagelliforme de la Chine.

deux lobes sur d'autres points. Chacune d'elles contient une graine ou deux (fig. 43).

Genévrier Géant (Juniperus Gigantea). — 1857.

Roelz, parmi tant d'autres conifères qu'il a cru découvrir, aurait découvert en effet, en 1856 ou 1857, un Genévrier mexicain qui mériterait bien, pour un Genévrier surtout, le surnom de *Géant*, car il atteindrait en dimensions nos plus beaux sapins du Jura, 25 à 35 mètres de hauteur et 1 mètre de diamètre à la base avec une tige parfaitement droite. D'après Gordon, qui d'ailleurs le mentionne sans le décrire, on le rencontrerait principalement sur les montagnes mexicaines voisines de Tenancingo, à une altitude de 2,000 à 2,500 mètres.

Les détails les plus amples que nous ayions pu trouver sur cet intéressant et peut-être précieux Genévrier sont donnés par les catalogues de la maison Blondeau de Jussieu, années 1864 et suivantes. Cet arbre que les Indiens nommeraient *Tlaxcal* serait à la fois d'une beauté remarquable et d'une grande rusticité; il croîtrait au sommet de la Sierra Nevada, non loin des neiges perpétuelles, se contentant souvent de la fente d'un rocher de granit pour y acquérir les belles dimensions indiquées plus haut. Son bois serait rougeâtre ou jaune citron, beau, très-fin, très-fort, très-tenace, assez léger, très-agréablement veiné et ondulé, susceptible d'un très-beau poli; excellent pour la fabrication des crayons et d'une foule d'objets et de meubles de luxe, il serait également très-recherché pour les constructions et offrirait aux injures de l'air une résistance des plus prolongées.

Ses ramules hexagones et son écorce épaisse et crevassée, mais d'une couleur fauve clair, le rendraient très-pittoresque et le feraient distinguer au loin.

CHAPITRE III.

ORDRE IV.

Les Taxacées.

OBSERVATIONS GÉNÉRALES.

Section première — Taxinées.

Observations générales.

1er genre : **If.** Ses caractères. — Monographie détaillée de l'If *commun*.

2e genre : **Torreya.** Ses caractères. — Monographie de trois espèces.

3e genre : **Céphalotaxe.** Ses caractères. — Monographie de trois espèces.

4e genre : **Salisburia.** Ses caractères. Espèce unique : *A feuilles de Capillaire* (Adiantifolia).

5e genre : **Phylloclade.** — Simple mention.

Section deuxième. — Podocarpées.

Observations, caractères, subdivisions.

1er genre : **Podocarpus**. Voyage à l'extrême Orient et dans les îles et continents de l'hémisphère austral, à la recherche des diverses espèces de podocarpes.

2e genre : **Dacrydium**. — Caractères ; mention de l'espèce dite *de Franklin*.

3e genre : **Saxo-Gothæa**. — Espèce unique : *Conspicua* (Remarquable).

OBSERVATIONS GÉNÉRALES.

Le mot TAXACÉE dérive du latin *taxus*, if, et indique par conséquent que les genres dont se compose l'ordre ainsi désigné ont tous une certaine parenté avec le genre If. Longtemps même on a compris dans ce genre unique les genres divers que nous allons énumérer, sinon étudier ; peu à peu, les espèces devenant de plus en plus nombreuses et paraissant se grouper suivant divers caractères qui s'éloignaient plus ou moins du genre type, on a été conduit à créer de nouveaux genres et même à répartir ces genres en différentes classes d'un ordre plus élevé, parmi lesquelles le type primitif n'a plus conservé que le rang d'un genre pur et simple. Il a droit cependant à une certaine prééminence, sinon comme résumant les caractères de tous les autres, du moins comme en formant le point de départ, comme le plus anciennement connu, et comme possédant — avantage qui a bien aussi son prix — un nom naturel, latin en latin, français en français, c'est-à-dire un nom qui s'est formé de lui-même comme les langues qui l'emploient.

Il est à remarquer que tous les genres naturels ont des noms ainsi formés. *Sapin*, *Pesse*, *Mélèze*, *Pin*, *Cèdre*, *Cyprès*, *Genevrier*, *If*, voilà des noms originaux et conformes dans chaque langue au génie de cette langue. C'est qu'ils n'ont pas été fabriqués par les savants, mais par le bon public, par le profane vulgaire; et ils représentent tous des genres nets et tranchés que personne, pour peu qu'il se donne la peine de les examiner, n'aura la tentation d e confondre. Les autres noms s'appliquent à des genres créés par la science, et ils se composent de termes plus ou moins durs et ma sonnants qui n'offensent pas moins les idiomes anciens dans le vocabulaire desquels on est allé les chercher, que notre belle langue française elle-même. Pas n'est besoin que nous rappellions les *Glyptostrobe, Actinostrobe, Callitris, Skiadopitys, Arthrotaxis, Microchachrys*, qui, sous le rapport de l'euphonie laisseraient bien quelque chose à désirer. Bientôt nous aurons à nous débattre dans les *Eu-*

podocarpes , *Stachycarpes* , *Dacricarpes* , etc. , qui n'ont pas beaucoup à envier aux précédents.

Ces trois derniers termes, désignent trois subdivisions d'une deuxième section des taxacées , la section des PODOCARPÉES à laquelle nous réunirons, avec M. Carrière , les *Dacrydium* et *Saxo-Gothœa*.

Les TAXINÉES composent la première section , et comprennent les *Ifs*, *Torreyas*, *Céphalotaxes*, *Salisburia* et *Phylloclades*.

Le caractère commun aux Taxinées et aux Podocarpées, aux *Taxacées*. en un seul mot, et en même temps le plus apparent, est la forme du fruit qui , sauf les particularités de détail , consiste dans tous ces genres , en un noyau dur, recouvert d'une enveloppe pulpeuse ou charnue , très-souvent comestible.

Un autre caractère commun, mais moins général, car il comporte plusieurs exceptions, c'est, sous les dimensions les plus variées, la forme aciculaire-aplatie des feuilles. A cet égard et en mettant de côté les genres Salisburia, Phylloclade, Dacrydium et quelques *Nageia* ou Nagis, la feuille de l'If Commun peut être prise pour type : longue et large de 20 à 25 millimètres sur 2 ou 3 seulement, elle augmente graduellement dans les Terreyas et les Céphalotaxes pour arriver, dans certains podocarpes, à des dimensions précisément décuples : 20 à 25 *centimètres* de longueur sur 2 ou 3 centimètres de largeur. C'est parce que la proportion de cette largeur par rapport à la longueur devient plus forte dans les podocarpes du groupe *Nageia*, que les feuilles de ceux-ci s'écartent de la forme type, mais encore peuvent-elles aisément s'y rattacher.

SECTION PREMIÈRE.

LES TAXINÉES.

Parmi les cinq genres réunis sous la commune dénomination de *Taxinées*, un seul donnera peut-être un jour une essence de plus à la sylviculture occidentale ; c'est le *Salisburia*, genre composé d'une seule espèce que les Chinois et les Japonais appellent *Gin-Ki-Go* ou *Gink-Go*. Les autres genres comprennent des espèces dont quelques-unes sont ou seront précieuses pour la culture décorative sans qu'on puisse espérer en tirer jamais un grand parti pour l'exploitation ou l'industrie. L'if lui-même, l'if vénérable et antique, l'arbre des rivages de l'Achéron et du Styx, qui croît à l'ombre comme au soleil, à l'abri comme aux injures de tous les vents ; l'if dont le bois, par sa beauté, sa solidité et sa durée, ne le cède que de peu à nos plus riches bois de luxe et d'ébénisterie, l'if n'est pas et ne saurait devenir un arbre forestier dans la complète acception de ce mot : la prodigieuse lenteur de sa croissance sera toujours, à ce point de vue, un obstacle insurmontable.

Les Taxinées ont constamment leurs fleurs *dioïques* — nous savons ce que ce mot signifie — et leurs fruits *monospermes*, c'est-à-dire ne contenant chacun qu'une seule graine; *monos, sperma* (toujours du grec)! Cette graine est accompagnée d'une cupule drupacée ou charnue qui l'enveloppe plus ou moins; semée en terre, elle germe avec deux cotylédons ou feuilles séminales. Les feuilles normales sont persistantes, celles du Gink-Go exceptées; elles sont également alternes ou à peu près distiques, et si l'on excepte encore celles des genres *Salisburia* et *Phylloclade*, elles sont linéaires avec un limbe cependant un peu aplati.

Dans cette section, nous ne rencontrerons pas de grands arbres, à l'exception du Gink-Go qui atteint facilement des dimensions de première grandeur. Les autres sont de grands arbrisseaux ou des arbres de 12 à 15 mètres de haut.

Les branches et les rameaux sont quelquefois verticillés, mais plus souvent épars et sans ordre apparent. La forme pyramidale n'est pas constante ; on peut même dire que chez les Taxinées elle est l'exception plutôt que la règle.

Premier genre. — If.

Si l'arbuste dédié à la joyeuse déité du vin aime les versants que caressent les ardeurs de Phœbus, l'arbre voué aux dieux infernaux brave le souffle glacé des aquilons :

> . . . . _Apertos_
> Bacchus amat colles, _aquilonem et frigora_ taxi.

nous apprend l'auteur des Géorgiques.

L'If se rencontre un peu partout dans la zone tempérée de notre hémisphère ; ses espèces sont peu nombreuses, mais la plus commune d'entre elles se présente sous plusieurs formes ou variétés différentes.

Les feuilles sont persistantes et d'un vert sombre que ne tempère point, comme chez le sapin, une teinte argentée sur leur face inférieure. Elles sont pectinées comme celles du sapin, mais sur rangs simples ; leur forme est linéaire, lancéolée, oblongue ou arrondie. C'est à l'aisselle de quelques-unes des feuilles portées par les ramules que naissent les

fleurs fécondantes sur les pieds mâles, les fleurs à
fruits sur les pieds femelles; celles-ci accomplissent
leur entière évolution dans l'année même, et, nées

Fig. 47. Rameau d'If Commun avec des fleurs et des fruits
à divers degrés de développement.

au printemps, donnent à la fin de l'automne des
fruits mûrs qui consistent en de petites noix ovoïdes
à une seule loge, ne contenant qu'une seule graine,
et entourées d'une sorte de cupule charnue et pul-

peuse, (fig. 47), rouge, brune ou jaune, ordinairement comestible quoique légèrement laxative.

Le tronc des ifs s'élève d'ordinaire assez verticalement; mais il se partage presque toujours et souvent dès la base, en plusieurs tiges; parfois les branches principales prennent elles-mêmes une pareille direction ascendante. De cette disposition il résulte que la forme du massif de verdure produit par le feuillage d'un If abandonné à lui-même tient à la fois de la forme pyramidale et de la forme buissonneuse.

La croissance des ifs est d'une extrême lenteur et ne peut se comparer à celle d'aucune des espèces que nous avons étudiées jusqu'ici.

I. If Commun (Taxus Baccata).

« Jadis, dans les jardins et autour des maisons de plaisance, on a vu l'If, esclave de la magnificence et souvent victime du mauvais goût, prendre docilement, sous le ciseau du jardinier, les formes les plus bizarres et les plus fantastiques. Suivant le caractère de chaque nation et les idées qui ont successivement dominé dans chaque siècle, on l'a vu représenter des dieux et des héros, des saints, des hommes, des animaux, des édifices, des vases, mais

plus communément des obélisques et des pyra-
mides, placés en symétrie dans les parterres, pour
indiquer à l'œil la division des allées, et les angles
des compartiments dont le buis formait la bordure
et les fleurs la broderie (1). »

Aujourd'hui qu'un goût différent domine, on ne
cherche plus guère à tirer parti de l'exceptionnelle
facilité avec laquelle l'If se prête aux plus étranges
caprices de la taille. Tout au plus y recourt-on
pour former des haies ou des rideaux qu'une tonte
réglée contribue à maintenir plus compactes et plus
épais.

Abandonné à lui-même, l'*If Commun* est un
arbre qui ne s'élève pas à plus de 12 à 15 mètres
au maximum, mais qui, d'une longévité extraordinaire, peut acquérir avec le temps un diamètre
considérable. L'Angleterre en compte plusieurs
spécimens remarquables : dans le cimetière de
Crowhurst, comté de Surrey, on en remarque un
qui n'a pas moins de 10 yards de tour (9^{m}14); le
cimetière de Brabourn, non loin de Scots'Hall,
comté de Kent, en possède un autre qui mesure
58 pieds 8 pouces de circonférence, 20 pieds de
diamètre ! Au cimetière du village de Gresferd,
dans le Denbighshire, un If compte 10 mètres de

(1) Loisel. *Nouveau Duhamel.*

·pourtour à 4 pieds de terre ; et près de lui un arbre de même essence, planté en 1727, ne dépasse pas
une circonférence de 1ᵐ20 (1). Bornons-nous dans
cette énumération qui deviendrait par trop longue, si
nous voulions décrire d'autres Ifs renommés, tels
que celui de Crom Castle, en Irlande, impuissant à
soutenir une cime immense disposée comme un
gigantesque parasol de 21 mètres d'envergure, et
appuyée sur une vingtaine de pieux, entre lesquels
peuvent s'asseoir et dîner 200 personnes ; ne par-
lons pas de l'If de Ankerwyke, qui fut, dit-on, té-
moin des amours d'Henri VIII et d'Anne Boleyn, ni
de l'If de Fontaine-Abbé, qui servit d'abri aux
moines de cette abbaye pendant sa construction,
en 1132, ni des Ifs de Mamhilad, de Fortingal, de
Ribbersford, etc. Mais ajoutons que parmi eux il
en est dont on évalue l'âge à 1500 et 2000 ans.

La tige de l'If Commun est ordinairement droite,
mais sillonnée longitudinalement de cannelures
assez marquées, et revêtue d'une écorce d'un gris
rougeâtre fort mince ; elle porte des branches
grêles et allongées, dont les rameaux et les ramules, trop faibles pour se soutenir, sont souvent
pendants sous le poids de leurs feuilles innom-

---

(1) Johns. *The forest trees of Great Britain.*

brables et longtemps persistantes. Ces organes sont
aciculaires et plats, longs de 15 à 25 millimètres,
larges de 2, d'un vert vif et foncé à la face supérieure, pâle ou glauque en dessous, et disposés sur
rangs simples de chaque côté de la branche ou du
rameau ; comme forme, dimensions et dispositions
ces feuilles (fig. 47) offrent donc la plus grande
analogie avec celles du Sapin commun, spécifié
quelquefois par le surnom de *Taxifolia*. Nous avons
vu plus récemment que l'un des deux gigantabies
mérite également cette épithète. Aussi ces trois arbres, le sequoïa taxifolia, le sapin pectiné et l'If
Commun donnent-ils chacun un ombrage très-som-
bre et un couvert des plus épais ; mais le dernier,
sous ce rapport, l'emporte incontestablement sur
les deux autres.

Vaste et étendue est la patrie de l'If ; la plaine
et la montagne le voient croître également en
France, en Angleterre, dans les États scandinaves,
en Espagne, en Piémont, en Grèce, dans les Pyrénées, les Alpes, les Appenins, le Caucase, et
même, assure-t-on, dans quelques parties de l'Inde.
Si sa latitude la plus boréale s'étend jusqu'au
61° degré, son élévation supra-marine peut mon-
ter jusqu'à 1,500 mètres. Un sol à base calcaire
paraît être son terrain préféré.

Jamais, ou presque jamais, l'If ne se rencontre à l'état de massif, et l'extrême lenteur de sa croissance ne portera vraisemblablement jamais les sylviculteurs à le propager. On le trouve cependant quelquefois dans les forêts, mais isolément; coupé rez-terre, il donne des rejets de la souche comme le genévrier commun ou comme le séquoïa dit sempervirens. Son tempérament est du reste des plus rustiques, et jamais, paraît-il, aucun insecte ne l'attaque; cette particularité résulte peut-être du poison assez violent que contiennent ses feuilles, mortelles pour le bétail, ce qui, suppose-t-on, a valu à cet arbre son nom latin *Taxus*, qui dériverait de *toxicum*. Il supporte sans sourciller les plus grands froids, et se montre encore là où les plus vigoureux cyprès ne résisteraient point. Exposé à tous les vents, il prospère; et sous un couvert épais et prolongé, sa lente végétation ne paraît pas souffrir.

Les fleurs de l'If viennent à l'aisselle de ses feuilles; et sur les arbres femelles, ses petites noix, grosses comme le petit noyau d'une petite merise, sont entourées, à la base et le long des parois latérales, d'une cupule savoureuse et molle, dont le tissu écarlate dépasse ordinairement, mais sans la recouvrir, l'extrémité opposée au point

d'attache du fruit. Chaque année, l'If fleurit et
fructifie ; si l'on veut en obtenir de jeunes plants
l'année suivante, il faut semer en automne dès la maturité ; encore la germination n'a-t-elle lieu quelquefois que la seconde année et même plus tard.

Le bois de cet arbre est, d'après M. Mathieu,
l'un des plus durs, des plus compactes et des plus
tenaces qui croissent naturellement en France. « Il
se reconnaît très-facilement à son aubier blanc-
jaunâtre, peu épais, nettement séparé du bois parfait qui est d'un rouge brun vif, veiné de brun et
sans odeur sensible. » Il n'est presque pas résineux ;
et les vaisseaux résinifères sont remplacés chez lui
par un petit nombre d'imperceptibles cellules.
Sans sa rareté, ce bois serait l'un des plus précieux
qui existent pour l'ébénisterie. Coloré en noir, dit
encore M. Mathieu, il se distingue à peine de l'é-
bène. On dit qu'on augmente sa dureté en le mettant tremper pendant plusieurs mois dans l'eau (1) ;
il y prend en même temps une couleur violette
très-foncée. En raison aussi de sa grande élasticité,
il était très-recherché des anciens pour faire des
arcs, et Pallas assure que dans la Colchide on en
fait des échalas pour supporter la vigne (2). Ces

(1) Bosc et Baudrillart. *Dictionnaire de la culture des arbres.*
(2) Carrière. *Traité général des conifères.*

échalas peuvent servir pendant une trentaine d'années (1).

Variétés.

Nous ne ferons que nommer la variété à *fruit jaune*, celle de *Dovaston* ou à *branches pendantes*, la variété à *rameaux dressés*, plus délicate que l'espèce, l'*If Argenté*, dont les feuilles portent des raies d'un blanc d'argent qui passe quelquefois au jaune paille, l'*If Nain*, petit buisson à feuilles très-menues, l'*If Panaché*, l'*If Pyramidal*, l'*If à branches recourbées* (Recurvata), l'*If à rameaux pressés* (Adpressa) (2). Mais nous ferons une mention un peu plus détaillée de l'*If Commun, forme* FASTIGIÉE, ou IF D'IRLANDE (*Taxus Baccata Hybernica*).

Cette forme de l'If se distingue par une cime étroite et en forme de colonne résultant de ses branches verticalement dressées et étroitement serrées contre la tige ; ses feuilles sont éparses ou

(1) Bosc et Baudrillart, loc. cit.

(2) On tend à faire aujourd'hui du *Taxus Adpressa vel Brevifolia*, forme originaire du Japon, une espèce spéciale. C'est un petit arbrisseau buissonneux et très-dense dont les feuilles sont plus courtes plus larges et plus arrondies à leurs extrémités que celle de l'If Commun : il manque ordinairement de flèche.

par bouquets, et non plus distiques comme dans la forme commune ; elles sont aussi plus larges et obtuses du sommet ; les fruits sont plus allongés et un peu plus gros. L'If d'Irlande, au point de vue décoratif, est un arbrisseau précieux et d'un grand intérêt, dont l'aspect ne peut se comparer exactement à celui d'aucun autre arbre vert.

2e GENRE. — TORREYA.

Le docteur Torrey est un célèbre botaniste américain et l'un des auteurs de la Flore du nord de l'Amérique. On a donné son nom à ce deuxième genre des Taxinées.

L'auteur du «Handbook» baptise ce genre d'une autre manière ; il l'appelle *Fœtataxus*, ce qui signifie *Puant-If* (fœtida taxus), par allusion à l'odeur forte et désagréable qui émane des diverses parties des arbres qui le composent, sous l'action de la chaleur ou d'un simple froissement.

Les fleurs des *Torreyas* sont dioïques ; les mâles solitaires, les femelles disposées par groupes de deux ou trois et dressées. Les unes et les autres sont *axillaires*, c'est-à-dire qu'elles naissent à l'aisselle (axilla) des feuilles. La maturation des fleurs à fruit a lieu tous les deux ans, et le fruit ressemble à une prune ovale et verdâtre ou d'un rouge tirant sur le jaune, et contient une seule graine à testa dur et osseux. Les feuilles sont alternes ou opposées sur deux rangs c'est-à-dire distiques, ou éparses ; leur forme est linéaire ou lancéolée, aplatie, droite on falquée ; leur longueur oscille entre 30 et 60 millimètres ; leur couleur est d'un vert foncé avec des bandes jaunes ou brunes sur la face inférieure.

Les végétaux qui composent le genre Torreya sont de petits arbres ou des arbrisseaux de la Chine, du Japon et du nord de l'Amérique. Ils paraissent représenter la transition entre les ifs et les céphalotaxes.

I. Torreya Porte-Noix (T. Nucifera). — 1818.

Petit arbre ou grand arbrisseau de 20 à 30 pieds de haut, qui croît naturellement dans les montagnes des îles japonaises de Niphon et de Sikok, mais que l'on cultive dans tout le Japon. Ses feuilles linéaires, mais arrondies à la base, sont distiques ou éparses, très-droites, aplaties et terminées par une pointe très-aiguë qui se courbe un peu par la suite ; leur longueur est de 30 à 40 millimètres.

Le fruit a les dimensions d'une grosse noix. C'est

une baie ovale, lisse et verdâtre, dont la chair molle et fibreuse a une saveur balsamique légèrement astringente. Le noyau contient une amande charnue, dont on extrait une huile employée dans la cuisine comme dans la pharmacopée japonaises. Desséché, ce fruit se mange comme plat de dessert.

Le *Torreya Porte-Noix* est parfaitement rustique en France ; mais ses fruits n'y arrivent pas à maturité.

II. — TORREYA A FEUILLES D'IF. (T. Taxifolia). — 1840.

Torreya, If, Fœtataxe : *de Montagne* (Montana).

Les dimensions ordinaires de notre if commun sont celles du *Torreya Taxifolia* qui, par sa forme, nous représente une élégante et régulière pyramide de quarante à cinquante pieds de haut. Ses branches sont nombreuses et étalées, et ses feuilles semblables à celles de l'if pour la forme et la disposition, les dépassent en grandeur, car elles ont de vingt-cinq à cinquante millimètres de long sur trois de large (fig. 48) ; leur couleur est d'un vert clair et brillant en dessus, grisâtre en dessous, et deux bandes ou stries étroites et rougeâtres les sillonnent profondément des deux côtés de la nervure médiane. Les fleurs sont axillaires ; celles des arbres fe-

melles se transforment en un fruit ovale et muni
d'une petite pointe dont les dimensions sont celles
d'une noix ordinaire ; l'enveloppe extérieure, charnue ou plutôt coriace, recouvre entièrement le

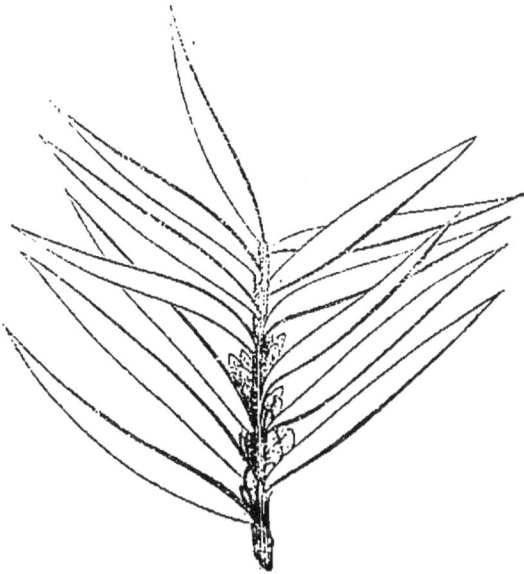

Fig. 48. Fragment de rameau de Torreya
Taxifolia. (Grandeur naturelle).

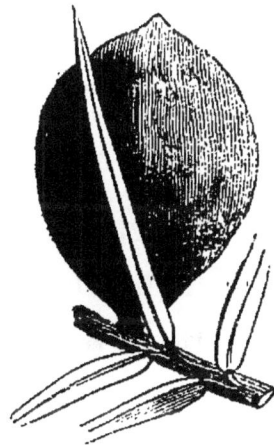

Fig. 49. Fruit
du Torreya Taxifolia.

noyau sauf sur un point de l'extrémité où se des-
sine un petit orifice (fig. 49). Ce noyau ressemble à
un gros gland et contient une belle amande en-
veloppée d'un testa osseux.

Le *Torreya à feuilles d'If*, habite le nord de la
Floride, et croît dans les terrains à base calcaire,
vers Flat Creek, sur les berges des rivières et au
voisinage d'Aspalaya. Plus encore que ses congé-

nères, il mériterait le nom de *Puant-If,* par l'odeur qu'il répand quand on brise ou froisse l'une quelconque de ses parties (1). Son bois est dense, lourd, d'un grain serré, et rougeâtre comme celui du Genévrier de Virginie. Il se montre, dans nos pays, suffisamment rustique ; mais sa croissance y est lente.

III. — TORREYA MUSCADIER. (T. Myristica). — 1851.

Ce petit arbre, dont la hauteur varie de huit à douze ou treize mètres, habite les montagnes de la Sierra Nevada en Californie. Par ses branches horizontalement étalées, par ses longues feuilles linéaires qui atteignent jusqu'à soixante millimètres, par les reflets jaunâtres de sa verdure, le *Torreya Muscadier* réunit au plus haut degré les qualités décoratives que l'on peut rechercher dans la classe des arbrisseaux.

Le fruit et son noyau offrent une ressemblance parfaite avec ceux du torreya à feuilles d'if dont le *Myristica* se sépare d'ailleurs par un port beaucoup plus élégant et une plus grande rusticité.

(1) Les habitants de la Floride l'appellent pour cette raison *Cèdre puant* (Stinking Cedar).

TROISIÈME GENRE. — CÉPHOLOTAXE.

Le Japon et le nord de la Chine sont les deux patries des *Céphalotaxes* ou *Ifs à têtes* (1), ainsi nommés à cause de la disposition de leurs fleurs et de leurs fruits.

Ce sont des arbrisseaux et des arbres de troisième et de deuxième grandeur, d'un aspect très-ornemental. Ils ressemblent aux ifs, mais avec un port plus corsé, des feuilles plus longues et plus larges, des reflets plus gracieux et plus gais.

Leurs fleurs sont séparées par sexes sur des arbres différents. Leurs fruits, drupacés et assez semblables à des prunes, oblongs comme elles, composés comme elles d'une graine nuciforme à testa ligneux recouverte d'une enveloppe charnue, varient dans leurs dimensions, de vingt-cinq à trente-cinq millimètres pour la longueur, et, pour la largeur, de dix-huit à vingt-cinq millimètres. Ils sont ordinairement réunis par groupes de deux ou de trois sur de courts pédoncules ; il en est de même des fleurs mâles : c'est par suite de cela que l'on dit les fleurs et les fruits disposés en *têtes* sur les Céphalotaxes.

(1) Κεφαλὴ (képhalè) tête ; Ταξός (Taxos) if.

Les feuilles sont alternes ou distiques, longues, plates, aiguës du sommet, droites ou falquées; deux bandes glauques accompagnent à la face inférieure les deux côtés de la nervure médiane qui ressort, ainsi que les bords de la feuille, par un ton vert brillant.

Tous les Céphalotaxes, arbres de régions montagneuses et froides, sont rustiques en France.

I. — CÉPHALOTAXE DRUPACÉ. (Cephalotaxus Drupacea.)

C. de Fortune Femelle, Podocarpe Drupacé, C. Coriace.

Drupacé comme le fruit des autres Céphalotaxes, pas davantage, mais couvert d'une peau vermeille lorsqu'il est mûr, le fruit de l'arbre qui nous occupe a donné à l'espèce le nom de sa qualité. Les feuilles, régulièrement opposées et distiques, sont rapprochées, coriaces, légèrement courbes ou falquées, longues de vingt à quarante millimètres et larges vers la base du dixième de cette longueur. Leur teinte est verte et brillante au milieu et sur les bords, glauque et blanchâtre sur les bandes intermédiaires. Le *Céphalotaxe Drupacé* se rencontre sur les montagnes japonaises de Nangasaki et de Kanagawa, et dans le Yang-Sin au nord de la

Chine ; c'est un petit arbre de huit à dix mètres de hauteur qui, sans être délicat, demande cependant un bon sol, de l'abri et quelque humidité, sans trop, pour acquérir toute sa valeur ornementale.

II. — CÉPHALOTAXE PEDONCULÉ (Cephalotaxus Pedonculata). — 1837.

C. Ombraculifère, If de Harrington, Torreya Grandis. Inu-Kaja.

Introduit dans nos cultures en 1837, sous le nom qui figure en tête de cette notice, et aussi sous le nom de If de Harrington (Taxus Harringtonia), le *Céphalotaxe Pédonculé* a été importé de nouveau et plus récemment sous le nom de *Cephalotaxus Umbraculifère* et de *Torreya Grandis* par suite de quelques variétés d'aspect sans importance d'ailleurs (1).

C'est un élégant arbrisseau de six à huit mètres dont les branches nombreuses et étalées sont disposées par couronnes ou verticilles autour de la tige, et dont les rameaux sont quelquefois pendants. Les feuilles distiques et ordinairement longues de quarante à cinquante millimètres, ont quelquefois soixante millimètres et plus ; leur largeur à la

(1) Senilis.

base est de trois à quatre millimètres; elles sont coriaces, falquées et pointues (fig. 50). Les fleurs mâles sont réunies par groupes sur des pédoncules bractifères; les femelles sont axillaires et donnent lieu à des fruits semblables à des prunes qui répondent d'ailleurs à la description donnée avec les caractères du genre.

Cet arbre abonde dans le Japon où il est cultivé dans les jardins sous le nom de Inu-Kaja.

Fig. 50. Rameau (réduit) de Céphalotaxe Pédonculé.

III. — Céphalotaxe de Fortune (Cephalotaxus Fortunei). — 1848.

Céphalotaxe Mâle, C. Filiforme, C. Pendant (Pendula.)

Le plus grand des arbres du genre qui nous occupe est sans doute le *Céphalotaxe de Fortune* qui élève jusqu'à vingt mètres sa cime chargée de branches grêles et pendantes dont les verticilles

s'étagent régulièrement autour de la tige. Les
feuilles sont variables dans leurs dimensions et leur
disposition; régulièrement distiques et longues
seulement de quatre à cinq centimètres sur les rameaux et les ramules des plants adultes, elles sont,
sur les branches principales et sur les jeunes pieds,
éparses ou alternes et atteignent jusqu'à dix centimètres de longueur et plus (fig. 51).

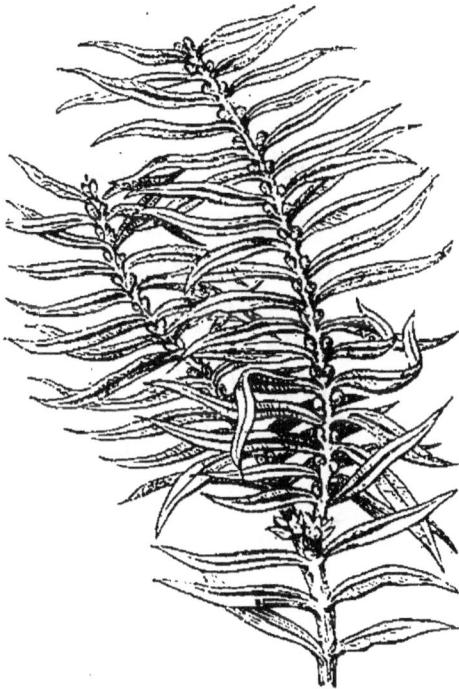

Fig. 51. Rameau (réduit) de Céphalotaxe Fortunéi.

Les groupes de fleurs mâles sont sessiles ou portés sur de très-courts pédoncules; les fruits ont la
forme décrite pour ce genre et de plus leur enve-

loppe charnue se termine par une petite pointé, et prend à maturité une belle couleur pourpre.

Le Japon, et, au nord de la Chine, le Yang-Sin voient croître naturellement le Céphalotaxe que nous venons de décrire ; c'est là qu'il a été découvert par le naturaliste dont il porte le nom.

IVe GENRE. — SALISBURIA.

Un botaniste américain a donné son nom à l'espèce précédente ; le genre suivant doit le sien à un éminent botaniste anglais, Salisbury.

L'unique espèce dont se compose ce genre, offre cette triple anomalie, parmi les arbres verts, résineux ou conifères, de n'être point conifère, de ne pas produire de résine, et d'être dépourvue de cette persistance des feuilles qui vaut à ses congénères, la première de leurs trois dénominations. Mais avant de passer à l'étude de cette espèce bizarre, examinons rapidement ses caractères génériques.

Fleurs dioïques et axillaires séparées, par sexes, sur des arbres différents : les mâles en épis sessiles, les femelles en groupes portés sur de longs pédoncules. Le fruit est couvert d'une enveloppe charnue extérieurement lisse ; il est ordinairement solitaire par suite de l'avortement des autres fleurs du même

groupe ; à sa base est une petite cupule également
charnue. L'amande, solitaire dans chaque fruit, est
revêtue d'un testa osseux.

Les feuilles affectent une forme qui n'a de simi-
laire dans aucun autre genre de conifères; elles
offrent un limbe très-élargi commençant par un
mince et long pétiole qui finit par se dilater en
éventail. Une fente longitudinale et profonde partage cette feuille en deux lobes égaux; ces derniers
sont quelquefois échancrés eux-mêmes par des
fentes plus petites qui suivent une direction con-
centrique à la première (fig. 52). Assurément cette
forme s'éloigne autant
qu'il se puisse imagi-
ner dela forme acicu-
laire, la plus fréquente
chez les arbres qui font
l'objet de cet opuscule;
et cependant elle peut
s'y rattacher. Ce limbe
élargi n'offre pas sur
son tissu, comme la
feuille de n'importe

Fig. 52. Feuille du Salisburia
Adiantifolia. (Grandeur naturelle).

quel autre arbre non conifère de nos climats, un
réseau de vaisseaux entrecroisés, ramifiés et subdivisés à l'infini : ses vaisseaux, à peu près paral-

lèles dans le pétiole, s'écartent à partir du point
où ce pétiole devient limbe, mais sans se ramifier
ni s'entrecroiser ; on dirait qu'un faisceau de fibres
primitivement destiné à former une feuille aciculaire a rompu le lien qui les réunissait par l'une
de leurs extrémités pour leur permettre de s'étaler
en éventail.

Espèce unique.

SALISBURIA A FEUILLES DE CAPILLAIRE (S. Adiantifolia). — 1754, 1771, 1788.

Gink-Go à deux lobes (Biloba), Arbre à noix, Arbre aux
quarante écus.

En 1712, Kæmpfer avait parlé d'un arbre inconnu
en Europe, mais croissant spontanément en Chine,
et appelé dans ce pays Gink-Go ou Gin-ki-Go, mots
qui signifieraient, d'après le « Handbook », *Arbre
sans feuilles en hiver.* En 1771, Linnée adoptant
ce nom Chinois, y ajouta le surnom de *Biloba* (à
deux lobes) tiré de la forme des feuilles. Ce fut
seulement en 1754 que cet arbre singulier fut introduit en Angleterre, et la France en posséda le
premier exemplaire en 1788, époque où Broussonet
en rapporta un pied qui fut planté au jardin bota-

nique de Montpellier. C'était un pied mâle qui fleurit pour la première fois en 1812. D'autres pieds furent encore introduits en France, notamment au jardin de Trianon ; ils étaient également mâles et incapables par conséquent de fructifier. Mais en 1822 des fruits furent obtenus pour la première fois en Europe, sur un pied femelle, près de Genève ; des boutures, prises sur cet arbre, furent greffés sur les mâles de Montpellier et de Trianon, et ne tardèrent pas à produire des fruits parfaitement sains et mûrs qui permirent de reproduire le Gink-Go par semis.

Cet arbre est remarquable par la forme de ses feuilles précédemment décrite, et qui, bien que tombant à la fin de chaque automne, ont cependant quelque chose de la consistance ferme et coriace des feuilles persistantes. Leur couleur est d'un vert tendre et mat qui devient d'un beau jaune d'or au moment de leur chute. Elles sont disposées sur les rameaux par petits groupes de trois à cinq (fig. 53).

La tige est droite, couverte d'une écorce grisâtre que les années rendent rugueuse ; elle porte une cime régulière et pyramidale dont la flèche se dresse souvent à 30 ou 35 mètres au-dessus du sol, tandis qu'au voisinage de ce dernier le tronc étend parfois jusqu'à 6, 8 et même 10 mètres, sa large circonférence. Le professeur Bunge dit avoir vu près d'une pagode, à Pékin, un Gink-go encore plein de

Fig. 53. Rameau (réduit) de Gink-Go Bilobé.

vigueur et qui, d'une hauteur prodigieuse, ne mesurait pas moins de 40 pieds de tour. La longévité de cette espèce est du reste excessive ; les Chinois qui l'ont en vénération et la plantent près des tombeaux, ont des données sur l'âge d'un certain nombre de ces arbres : quelques-uns auraient trois et quatre mille ans.

Le fruit consiste en un drupe ovale, jaunâtre, de la grosseur d'une prune de Damas (fig. 54), dont la pulpe huileuse et d'une saveur fortement butyrique, est d'un goût assez médiocre. L'amande contenue dans le noyau est, dit-on, bonne à manger, et se fait rôtir comme la châtaigne.

Le bois du Gink-Go, d'après le ʿ« Handbook », est d'un blanc jaunâtre, élégamment veiné, compacte, à grain fin et serré, assez dur, facile à travailler et susceptible d'un beau poli ; on le compare à celui de l'érable.

Dans une terre fraîche, légère et suffisamment profonde, car les racines du Salisburia sont pivotantes ; à une exposition abritée contre le souffle glacé du nord ; mieux encore dans un climat un peu chaud comme celui de nos départements du Midi, le *Gink-Go Bilobé* croît avec vigueur et rapidité, et se comporte comme un arbre d'avenir. En Chine et au Japon, où il vient spontanément, on le cultive aussi comme arbre fruitier et ornemental.

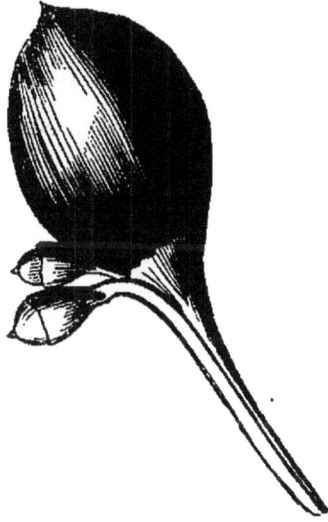

Fig. 54. Fruit du Gink-Go à deux lobes.

Variétés.

Nommons la variété *Laciniée* ou *à grandes feuilles* (*Macrophylla*), la variété à *rameaux pendants* (*Pendula*) et le *Salisburia Panaché ;* ce dernier demande de l'abri contre le gros soleil, qui ne tarde pas, comme dans toute autre espèce d'ailleurs, à faire disparaître les panachures.

5ᵉ GENRE. — PHYLLOCLADE.

Les *Phylloclades*, personnages végétaux qui tiennent encore un rang assez honorable dans leur pays, ne sont chez nous que de chétifs arbrisseaux, encore leur faut-il l'orangerie en hiver. Bons à compléter les collections botaniques, ils sont parfaitement indifférents aux amateurs pratiques ; et pas n'est besoin de voguer de la Nouvelle-Zélande à la Tasmanie, et de cette île à Bornéo, pour en reconnaître les diverses espèces dont on trouvera d'ailleurs les noms à la fin de ce volume.

Il suffira seulement de faire connaître la particularité qui distingue entre tous le genre Phylloclade. Les feuilles proprement dites, les vraies feuilles, forment d'imperceptibles écailles sur le bord des ramules ; mais ces derniers, aplatis, verts et herbacés, jouent un rôle de feuilles dont ils ont toute l'apparence. Rien n'est curieux comme d'observer les transformations qu'ils subissent pour s'arrondir peu à peu en se lignifiant et finir, avec l'âge, par devenir rameaux et branches, de ramules foliiformes ou *phyllodes* qu'ils étaient primitivement. C'est de cette particularité qu'on a tiré le nom de *Phylloclade*, qui signifie littéralement *feuille-rameau* (υλλον, *phyllon*, κλάδος, *clados*).

Les fruits sont de petits noyaux recouverts d'une enveloppe charnue, et réunis par groupes de deux ou trois.

SECTION DEUXIÈME. — PODOCARPÉES.

Les genres dont se compose cette section doivent, à notre point de vue cultural et pratique, compter parmi les moins importants que nous ayons à étudier. C'est à peine si, parmi leurs multiples espèces, il s'en rencontre un très-petit nombre sur lequel on puisse conserver quelque espoir d'avenir dans nos climats. Nous en parlerons donc assez rapidement, et nous nous bornerons à donner quelques aperçus d'ensemble sur leur manière d'être et leurs lieux d'origine, ne descendant à quelques détails que pour les très-rares espèces qui peuvent, en France, supporter aisément la pleine terre.

Les Podocarpées comptent des arbrisseaux et de très-grands arbres. Leur verdure tantôt claire, antôt foncée, a parfois des reflets jaunes ou bleuâtres ; les feuilles sont planes, linéaires ou longuement lancéolées, alternes, éparses ou opposées; elles rappellent généralement celles des céphalotaxes qui, des taxinées purs c'est-à-dire des ifs, paraissent former la transition à la deuxième section des Taxacées. Mais quelquefois ces organes sont *polymorphes*,— l'étude des junipérinées nous a donné l'occasion de pénétrer le sens de ce mot étrange,— aciculaires et couchés sur le rameau d'une part, squamiformes et imbriqués d'autre part : telles sont les feuilles des *Dacrydiums*.

Les fleurs sont tantôt dioïques et tantôt monoïques ; elles naissent à l'extrémité de petits ramules ou à l'aisselle des feuilles ; les femelles sont solitaires ou bien disposées en épis, et donnent lieu à de petits fruits drupacés dont les dimensions varient de la grosseur d'un pois à celle d'une cerise ou d'une petite prune. Ces fruits, rouges, pourpres, violets, jaunes ou verts et ordinairement luisants, se recouvrent à maturité d'une efflorescence impalpable ; ils sont souvent comestibles et ne renferment, en tout cas, aucun principe vénéneux ou irritant.

Nous composerons cette section *Podocarpée*, deuxième des Taxacées, de trois genres, dont le premier se subdivisera lui-même en trois ou quatre groupes. Ces genres s'appellent :

PODOCARPE, DACRYDIUM, SAXO-GOTHÆA.

PODOCARPE signifie *fruit à pied* ou *à queue*, c'est-à-dire en langage technique, fruit *pédonculé* (1).

DACRYDIUM, en grec... — il n'y a pas à l'éviter — en grec Δακρυδιον (*Dacrydion*), signifie *petite larme*, et fait allusion aux petites gouttelettes résineuses ou plutôt gommeuses qui suintent des parois des arbres qui portent ce nom.

Le genre SAXO-GOTHÆA doit sa dénomination au mari de la reine d'Angleterre, le feu prince Albert, qui appartenait à la maison de Saxe-Gotha. L'auteur du « Handbook » donne à ce genre un autre nom : il l'appelle *Squamataxe*, c'est-à-dire if écailleux, à cause des écailles qui en entourent le fruit.

PREMIER GENRE. — PODOCARPUS.

Nous avons dit que le premier de ces trois genres se subdivise lui-même en plusieurs groupes.

Il y a d'abord le groupe des *vrais Podocarpes* ou Po-

(1) Ποῦς, ποδός (*pous, podos*), pied; Καρπὸς (*carpos*), fruit.

docarpes proprement dits, EUPODOCARPUS (1). C'est le plus important, celui qui renferme le plus grand nombre d'espèces ; il a des représentants en Asie, en Océanie, en Abyssinie, au Cap, et en diverses parties de l'Amérique méridionale. Nous y reviendrons un peu plus bas.

Le deuxième groupe a reçu le doux nom de STA-CHYCARPUS, qui signifie *Fruit en épi*, de Στάχυς (*Stachys*) épi. Il comprend cinq espèces.

Non moins harmonieux à l'oreille que le précédent, est le nom du troisième groupe, DACRYCARPUS, *à fruits de Dacrydium*. Des deux espèces qu'il renferme, savoir : le *Podocarpe Cupressiné, Imbriqué* ou de *Horsfield*, arbre gigantesque qui, dans les îles Philippines, à Java, à Poulo-Penang, atteint sous le nom de *Kimerak* jusqu'à 60 mètres de hauteur ; et le *Podocarpe Dacrydioïde, Thuyoïde* ou *Elevé* (Excelsa), des marais du Nord de la Nouvelle-Zélande où il parvient à des dimensions plus grandes encore et où les naturels se régalent de son fruit ; aucune ne peut, en France, supporter la pleine terre.

(1) La particule *eu*, en grec, suivant son accentuation, signifie avec l'esprit doux (-) *bien* (εὖ) que l'on peut prendre pour *vrai*, ou bien, avec l'esprit rude (-), *de soi, par soi, en soi* (εὖ pour οὖ).

Nous n'y reviendrons pas.

Le quatrième et dernier groupe est celui des Nagis (nom qui signifie en japonais *Lauriers porte-
chatons*), d'où l'on a fait *Nageia*. Il comprend cinq
espèces, dont deux seulement mériteront quelque
attention de notre part.

Les Nagis, que John Senilis appelle *Calo-
phylles* (1), sont remarquables par leurs feuilles
larges, à plusieurs nervures, d'une verdure brillante, et qui se rapprochent plus des feuilles de
laurier que des feuilles de conifères. Leurs fruits,
d'un rouge-pourpre à maturité, ressemblent à des
cerises.

Sous l'une ou l'autre de ces quatre formes, le
genre *Podocarpus* a des représentants en Asie, en
Océanie, ainsi que dans l'Afrique et l'Amérique
australes. Nous allons suivre cet ordre dans l'exa-
men rapide que nous avons à en faire.

Transportons-nous par la pensée dans les îles
du Japon ; nous y trouvons d'abord l'*Eupodocarpe
Macrophylle* ou à *grandes feuilles*, appelé aussi
Podocarpe du Japon, Maki, Makoya. C'est un arbre
de 12 à 15 mètres que l'on rencontre également en
Chine ; il porte, sur des branches assez régulière-

(1) Κάλος (*calos* beau ; φύλλον (*phyllon*) feuille.

ment verticillées, des rameaux légèrement angulaires chargés de feuilles lancéolées qui, sur une largeur moyenne de 1 centimètre, n'ont pas moins d'une longueur souvent décuple et au delà. Ses fruits sont ovales, lisses et de la grosseur d'un pois. Le bois est blanc, léger, de bonne qualité, et ne se laisse pas attaquer par les insectes. Cette espèce, introduite en 1804 sous le nom spécifique de *Macrophylle*, l'a été de nouveau, cinquante ans plus tard, sous celui de *Chinensis*. Les fleurs sont dioïques.

Le Japon nous offre encore le *Podocarpe Nagi* (Podocarpus Nageia) ou *Cyprès Bambou*, vulgairement appelé *Laurier du Japon*, et le *Podocarpe à feuilles pointues* (P. Cuspidata), qui ne sont probablement que deux formes d'une même espèce.

Le premier est un arbre de 15 à 20 mètres, dont l'écorce est, sur la tige, brune, lisse, molle et charnue, et d'un beau vert sur les branches qui répandent en se brisant une forte odeur balsamique. Les feuilles, larges de 3 à 4 centimètres et longues du double, sont d'un vert obscur sur les deux faces. Le fruit est une baie d'un noir pourpre comparable à une cerise et couverte d'une légère efflorescence, comme une prune.

Le second, moins grand que le Podocarpe Nagi,

puisqu'il ne dépasse pas 15 à 20 pieds, a d'ailleurs beaucoup d'analogie avec lui, et ses feuilles qui, avec les mêmes dimensions, ont de plus leurs bords légèrement ondulés, ne se terminent presque jamais en pointe; c'est évidemment pour cela qu'on l'a appelé à *feuilles pointues* (Cuspidata) (1).

Dans les jardins de Nangasaki et sur les montagnes environnantes, comme aussi dans la presqu'île chinoise située de l'autre côté du détroit, se rencontre l'*Eupodocarpe de Corée,* le seul peut-être de tous les Podocarpes qui soit chez nous complétement rustique. Il est vrai qu'on n'est pas bien fixé sur la légitimité de son genre ; d'aucuns prétendent qu'il pourrait bien être un Céphalotaxe. Quoi qu'il en soit de ce taxacée Coréen (*Koreiana*); c'est un élégant arbuste de quelques pieds de haut, dont les feuilles, de 40 à 60 millimètres de long sur 3 de large, portent une verdure foncée à la face

(1) Il existe encore d'autres Nagis; mais ils ne supportent pas nos climats et ne prospèrent chez nous qu'en orangerie ou même en serre chaude.

Nommons-les, pour n'y plus revenir. Ce sont les Podocarpes à *grandes feuilles* (Grandifolia), du Japon, de la Chine et de l'Inde, à *larges feuilles* (Latifolia), de l'île de Java et du Bengale, et *de Blume* (Blumei), du mont Salak à Java.

supérieure, glauque à la face inférieure, et qui, sauf des dimensions plus considérables, ont une grande ressemblance avec celles de l'if commun.

Sur le continent asiatique, où nous avons mis pied en passant du Japon à la presqu'île de Corée, nous trouvons, dans l'Inde et le Népaul, les Podocarpus spécifiés *Nereifolia, Polystachia* et *Endlicheriana*. Le premier, des environs de Penang et de Singapoor, est un arbre de 12 à 15 mètres ; il ne résiste pas à nos hivers. Le dernier lui ressemble, mais l'emporte en beauté par ses feuilles plus larges (12 à 16 millimètres sur 10 à 18 centimètres de long), d'un vert plus tendre et ondulées sur les bords, ainsi que par la vigueur et par l'ampleur de sa cime. Quant au *Podocarpus Polystachia*, c'est un grand et bel arbre à tige droite, à écorce lisse et très-ramifié de la cime : à Malacca et à Singapoor on l'appelle *Wax-Dammar*.

De la péninsule siamoise aux îles australiennes qui l'avoisinent, il n'y a pour ainsi dire qu'un saut. Nous nommerons :

A Java :

Le Podocarpe à *bractées*, et sa variété *Brevipes*; les Podocarpus *Amara*, géant de 65 mètres, sur les monts Gède et Salak, *Neglecta*, qui atteint la moitié de cette hauteur à Karang et près de Pangaraughu, *Discolor*, hôte des montagnes volcaniques de Chéribon et Chérimai ;

A Borneo :

Le Podocarpus *Leptostachya*, arbre de 50 à 60 pieds de haut ;

Aux Moluques et dans la Nouvelle-Guinée :

Les Podocarpes de *Rumphius* et *Thevetiæfolia* qui atteignent, le premier 80 à 100 mètres, le second 40 à 50 mètres d'élévation.

De la Nouvelle-Guinée prenons la haute mer et gagnons la Nouvelle-Zélande septentrionale. Là, arrêtons-nous à contempler le Podocarpe *Totarra*, grand et bel arbre qui croît depuis le voisinage de la plaine jusqu'à la limite des neiges perpétuelles. Ses branches sont régulièrement verticillées, ses fleurs séparées par sexes sur des sujets différents ; ses feuilles, longues de 20 à 30 millimètres et larges de 3, sont d'un vert-jaunâtre en dessus, pâles et glauques en dessous. Il atteint 25 à 30 mètres de hauteur sur 2 à 6 pieds de diamètre et fournit un bois de couleur rouge et d'excellente qualité.

Les autres Podocarpes de la Nouvelle-Zélande, l'Eupodocarpe *Nivalis*, arbuste nain, et les Stachycarpes *Ferrugineux* et *Épineux*, grands arbres des terrains tourbeux, mais qui chez nous ne forment que de laids arbrisseaux, ne nous arrêteront point.

Rembarquons-nous donc, et laissant sur notre gauche la Tasmanie, où nous ne trouverions en fait d'Eupodocarpes que de petits arbres sans intérêt tels que l'*Alpina*, le *Lœta* et le *Lawrencii*, cinglons vers les côtes orientales du continent océanien où l'*Ensifolia*, le *Spinulosa*, l'*Elata* et le *Bidwilli* ne nous offrent pas, il est vrai, des sujets beaucoup plus dignes d'attention, mais où nous avions besoin de relâcher avant d'entreprendre la longue et laborieuse traversée qui va nous conduire au cap de Bonne-Espérance.

Là, deux grands Eupodocarpes nous attendent ; ce sont ceux de *Thumberg* et de *Meyer* ou *Allongé* (*Elongata*) : le dernier se rencontre non-seulement sur les côtes du Cap, mais encore dans le Goodjam, province abyssane, à 1,800 mètres d'altitude. Ce sont de beaux arbres qui fournissent un bois de bonne qualité appelé *Galhout* (bois jaune) par les indigènes Capençais ; mais ni l'un ni l'autre ne supporteraient le climat de la France. Mentionnons seulement pour mémoire, en quittant le Cap, le Stachycarpus *Falcata*, petite espèce peu connue, et faisons voile vers la Patagonie.

Dans les Andes de cette partie de l'Amérique, et en remontant vers celles du Chili, nous nommerons l'Eupodocarpe *Antarctique* ou *Curvifolia* ; le

Nubigœna, appelé *Pino* par les habitants de Valdivia et de Chiloë, grand arbre qui, en compagnie
du libocèdre tétragène, du fitz-roya et du Saxo-
gothæa, peuple les forêts des froides montagnes
patagoniennes jusqu'à la limite des hivers sans printemps, mais qui, introduit chez nous en 1851, ne
s'est pas encore révélé autrement que comme arbrisseau;. puis, près d'Antuco dans les vallées
ombreuses du Quillay-Leuw, le Stachycarpe des
Andes (Andina). Ce dernier n'est qu'un arbre de
troisième grandeur, mais dont le lieu d'indigénat
doit, comme le précédent, nous faire concevoir
quelque espérance en faveur de sa rusticité dans
nos contrées. Ses feuilles sont petites pour des
feuilles de podocarpe, puisqu'elles ne dépassent
pas 2 ou 3 centimètres de long sur 3 millimètres
de largeur; elles sont d'une verdure luisante et
noire. Les fruits ont la grosseur d'une cerise ordinaire, et leur grande saveur les fait particulièrement rechercher des enfants. C'est au sein de forêts les plus touffues et les plus impénétrables que
croît le *Podocarpe des Andes.*

Introduit dans nos jardins d'abord en 1774, puis
oublié ou perdu, l'Eupodocarpe du *Chili* y a été
réimporté en 1853. Très-rameux, mais rarement
verticillé, couvert de feuilles à la verdure brillante

et gaie dont la longueur est de 6 à 8 centimètres
sur une largeur dix fois moindre, le *Podocarpe du
Chili*, petit arbre d'une quinzaine de mètres, est loin
d'être sans analogie, sauf la dimension, avec le Podocarpe de l'Abyssinie et du Cap (*P. Elongata*).—
Qui sait si la différence de leurs lieux d'indigénat
ne suffirait pas à produire les dissemblances d'aspect qui les séparent, et si, au fond, ils, ne repré-
senteraient pas une seule et même espèce ?

Au Pérou, le Stachycarpe *Taxifolia*, du Sara-
gura, arbre de 20 mètres, aux feuilles semblables
à celles de l'if commun, mais un peu plus larges,
et l'Eupodocarpe *Rigida*, de Panao, croissent en
montagne, dans des contrées souvent froides, car
le premier se voit encore à une altitude de 1,800 à
2,400 mètres.

Au Brésil, les Eupodocarpes de *Lambert* et de
Sellow, tous deux des montagnes, sont, le premier
robuste et digne d'étude, le second délicat et sans
avenir chez nous.

Enfin aux Antilles, dans les îles de Monserrat,
de la Jamaïque, et sans doute dans l'île française
de la Guadeloupe, on voit encore les Podocarpes
Coriace et de *Purdie*, celui-ci, arbre magnifique, de
120 pieds de hauteur sur 3 mètres de tour, celui-
là modeste arbrisseau, et qui tous deux ne quitte-

raient pas impunément, chez nous, la serre tempérée.

Ici se termine notre voyage à la recherche des Podocarpes en Asie et dans l'hémisphère austral. Nous en avons trouvé quarante et quelques espèces, dont cinq *Nageia* ou Nagis, cinq Stachycarpes, deux Dacrycarpes mentionnés au début, et une trentaine d'Eupodocarpes. Sur tous ces arbres, dix à douze, tout au plus, méritent d'être expérimentés au point de vue cultural et pratique. Nous avons cru devoir cependant les mentionner à peu près tous, trouvant intéressant de faire ressortir l'immense variété des lieux qu'ils habitent naturellement.

Deuxième Genre. — Dacrydium.

Beaucoup moins nombreux que les Podocarpes et d'ailleurs cantonnés tous dans la Nouvelle-Zélande et la Tasmanie, un seul excepté qui habite Sumatra (1), les Dacrydiums nous occuperont beaucoup moins que les arbres du genre précédent. Ils ne croissent d'ailleurs chez nous qu'en serre froide et descendent des proportions colossales (cinquante

_____

(1) Le Dacrydium *Elatum*.

à soixante mètres) qui leur sont naturelles dans leur patrie, à la modeste condition des arbrisseaux.

Ce qui caractérise plus particulièrement les Dacrydiums et les distingue des autres arbres verts, c'est le polymorphisme, parfois excessif (1), de leurs feuilles. Les deux formes essentielles de ces organes sont la forme aciculaire et la forme squameuse; des pores appelés *stomates* et qui, dans bon nombre d'espèces, produisent ces stries que nous avons si souvent observées au revers seulement des feuilles, en couvrent ici toutes les faces (fig. 55). La couleur du feuillage est d'un vert riche et brillant dans la jeunesse, jaunâtre ou brun à un âge plus avancé.

Fig. 55. Rameau (réduit) de Dacrydium de Franklin.

Les fruits sont de petits drupes ovales, dressés, termi-

(1) Le Dacrydium de *Colenso*. « Véritable Protée, dit M. Carrière, ce Dacrydium semble revêtir à la fois les formes les plus opposées pour se déguiser, pour échapper à l'œil scrutateur de la science.

naux et solitaires, composés d'une pulpe charnue et comestible qui recouvre une graine à testa osseux.

Le *Dacrydium de Franklin* est le seul dont il soit à propos que nous disions quelques mots. Non pas qu'il soit rustique en France; mais il y est relativement moins délicat, et peut-être qu'à exposition convenable, dans nos départements méridionaux, on pourrait arriver à lui faire supporter la pleine terre.

Sur les rives du fleuve Huon, non loin du port de La Macquerie, dans l'île de Van Diémen, le Dacrydium de Franklin, atteint fréquemment cent pieds de haut sur vingt pieds de tour ; sa cime élevée, ses branches étalées et ses rameaux pendants, sa verdure fraîche et délicate lui donnent un brillant aspect, et son bois est l'un des plus précieux de la Tasmanie. Ce bois, combustible recherché et odoriférant, est également de première qualité pour la construction des navires et comme charpente et menuiserie de toute nature ; il donne lieu, à Hobart-Town, à un commerce d'exportation assez considérable.

IIIᵉ GENRE. — SAXO-GOTHÆA.

Une seule espèce compose ce genre. Espèce mal

définie et qu'il est assez difficile de classer exactement ; car d'après Lindleyh elle joint aux fleurs mâles d'un podocarpe les fleurs femelles d'un dammar, le fruit d'un genévrier, la graine d'un dacrydium et l'aspect général, le *facies*, d'un if. Sans entrer dans l'énumération scientifique des divers organes ou parties d'organes qui, dans le Saxo-Gothæa, se rattachent à ces différents genres, nous dirons cependant que son fruit, composé d'é

Fig. 56. Rameau (réduit) de Saxo-Gothæa conspicua.

cailles charnues, compactes et soudées autour d'une graine nuciforme, est un véritable galbule parfaitement analogue à celui des genévriers et se rapprochant aussi du fruit des podocarpes et des acrydiums : tandis que par ses feuilles distiques ou éparses, planes, linéaires, coriaces, longues de un à trois centimètres et larges de trois millimètres (fig. 56), d'un vert gai et striées de blanc à la face inférieure ; par ses branches parfois dressées, d'autres fois étalées, et ses rameaux réfléchis, le *Saxo-Gothæa Remarquable* (Conspicua), semble un congénère parfait de notre if commun.

M. Lobb a découvert cet arbuste en 1848 dans les Andes de la Patagonie qu'il parcourut sur une longueur de cent quarante milles entre Chiloë et l'archipel de Magellan. Il l'observa associé au podocarpe nubigène, mais surtout au libocèdre tétragone et au fitz-roya, celui-ci suspendu au flanc des précipices, celui-là garnissant le fond marécageux des ravins, mais toujours à l'altitude des neiges temporaires. Le Saxo-Gothæa n'atteint pas cependant les belles dimensions de ces deux derniers arbres ; sous ce rapport encore il suit les traces de notre if, et décroît comme ses compagnons à mesure qu'il approche de la limite des neiges qui ne fondent pas.

Le bois du Saxo-Gothæa Conspicua est d'excellente qualité et fort recherché pour les constructions.

Sous le ciel de Paris et du nord de la France, cet arbre craint les variations de température des saisons intermédiaires. Peut-être réussirait-il mieux sur les neigeux sommets de nos montagnes de l'Est où le climat se rapproche beaucoup plus de celui des Andes sa patrie.

CHAPITRE IV.

Des questions que l'on pourrait encore traiter au sujet des
arbres verts, en particulier l'extraction des résines. —
Exposé de l'extraction et de la préparation des produits
résineux des pins maritime, d'Alep et sylvestre, du mélèze,
de l'épicea, du sapin, du pin d'Autriche. — Récit d'une
récolte de résine dans une forêt de conifères de la Caroline
du Sud. — Epilogue.

Si, borné par le format et l'espace, nous avons,
dans ce traité qui touche à sa fin, laissé dans
l'ombre un certain nombre d'espèces intéressantes
au moins à quelques points de vue, nous avons
cependant étudié toutes celles qui, sous le rapport
de la culture forestière ou de l'horticulture, comme
valeur industrielle ou comme objet de luxe, à une
fin d'agrément ou dans un but d'utilité, peuvent of-

frir dans nos climats de France un intérêt vraiment
cultural et vraiment pratique, c'est-à-dire vraiment
populaire, en prenant ce mot dans son acception
la plus élevée.

C'est ainsi que, sous un modeste format et dans
un petit nombre de pages, nous avons pu être suffisamment complet, tout en laissant de côté bien
des questions intéressantes sans doute (1), et qui auraient pu se rattacher à notre sujet principal, mais
qui, n'en faisant pas intégralement partie, pouvaient
sans inconvénient, et même avec avantage, en être
écartées ; car, pour les aborder, il nous eût fallu
sortir du cadre des publications populaires in-18
de notre éditeur, et faire rentrer notre travail dans
la catégorie des livres d'un prix relativement élevé :
mais alors notre but, la vulgarisation des connais-
sances essentielles à la propagation des arbres verts,
eût-il été atteint ?

Cependant, parmi ces questions accessoires, il
en est une qui, par son importance, mérite une
mention plus particulière : nous voulons parler des
produits résineux. Non pas que nous nous propo-
sions de traiter la question à fond, — ce serait là

(1) Plusieurs d'entre elles font d'ailleurs l'objet d'ouvrages
spéciaux publiés par le même éditeur.

matière d'un ouvrage spécial ; — mais nous tenons à donner, dans un récit rapide, l'exposé succinct de la nature de ces produits et des procédés employés pour les obtenir.

Les matières résineuses ne s'extrayent que des espèces qui les contiennent en grande abondance. Les procédés suivis pour se les procurer varient, quant aux détails, suivant les pays, mais ils sont au fond les mêmes pour chaque essence.

L'arbre qui fournit les résines les plus variées et les plus abondantes est le pin pinastre ou maritime, et il donne lieu sous ce rapport à des exploitations considérables dans nos départements maritimes de l'Ouest dont les dunes sont peuplées de forêts de cette essence, ainsi que sur quelques points de la Provence. Quand un pin est parvenu à un pourtour de dix à douze décimètres, on peut commencer à le résiner ou *gemmer* sans nuire à son développement. Le résinier ou gemmier débute en enlevant les rugosités de l'écorce au bas du tronc jusqu'à la rendre lisse tout au tour, puis il soulève au pied de l'arbre, de manière à mettre le bois à nu et même à l'entamer légèrement, un lambeau d'écorce de dix à quinze centimètres de largeur sur une hauteur qui ne devra pas dépasser cinquante centimètres la première année ; au pied de cette entaille, appelée *quarre* en Guyenne, et en Provence *surlé*, est placé un petit auget pour recevoir la résine qui va s'écouler par cette plaie. Celle-ci, rafraîchie chaque semaine à sa partie supérieure, s'étend toujours en longueur, car le résinage dure pendant toute la belle saison, et parvient en quelques années à plusieurs mètres de haut : le résinier emploie alors, pour arriver à la partie supérieure de la quarre, une perche nommée *pitey* et munie de coches ou entailles dont il se sert comme d'une échelle avec une étonnante agilité : en une journée, un bon ouvrier peut tailler ainsi de deux à trois cents arbres. Quand la plaie est parvenue à une élévation suffisante, on l'abandonne pour en recommencer une nouvelle à côté de la première, mais en laissant intacte, entre deux, une bande d'écorce de cinq à dix centimètres qu'on appelle *ourle* ou *bourrelet* dans l'Ouest, *nerf* en Provence. On arrive ainsi à faire des quarres tout autour de l'arbre. Il est sage alors de le laisser reposer pendant une année au moins. On reprend ensuite l'opération sur la quarre la plus ancienne qui, sous l'action de la végétation, s'est recouverte d'écorce nouvelle. En continuant de la sorte avec mesure et prudence, on peut faire produire de la résine à un arbre pendant cent-cinquante ans; après quoi, son bois, abattu et débité, sert à la fabrication du goudron.

Tel est le *gemmage à vie* qui se pratique sur des arbres destinés à fournir pendant de longues années leurs sucs résineux. Mais quand la quarre s'attaque à des pins qui doivent tomber sous peu, nuls ménagements ne lui sont plus commandés : alors elle entaille l'arbre non-seulement au pied, en *basson*, mais en même temps un peu plus haut, en *quarre haute* ; non-seulement sur une face, mais sur toutes les faces à la fois. C'est le *gemmage à mort* ou *à pin perdu* ; on multiplie plus ou moins le nombre des incisions suivant le nombre d'années que l'arbre doit rester sur pied avant d'être abattu. Comme les pins sur lesquels se pratique le gemmage à mort sont ordinairement dans leur période de pleine croissance, cette opération augmente les qualités de leur bois en lui procurant, par le ralentissement accidentel de la végétation, une sorte de maturité artificielle qui est loin de valoir cependant la maturité naturelle à laquelle il eût pu parvenir si ces arbres eussent été laissés sur pied et *intacts* jusqu'à leur âge normal d'exploitabilité.

Qu'il soit pratiqué à vie ou à mort, le gemmage donne immédiatement trois sortes de produits :

1° La *résine molle* ou *périnne vierge*, qui s'égoutte, liquide encore, dans l'auget ; 2° le *galipot*, résine solide amassée par le suintement et figée le long de la quarre : on la détache par morceaux dans un état parfaitement pur ; 3° le *barras*, galipot impur et mêlé de scories de bois ou d'écorce : on l'obtient en grattant la surface de l'arbre après enlèvement du galipot proprement dit.

Ce sont là des produits bruts qui, par épuration, combustion ou distillation donnent lieu à diverses substances telles que pâtes, huiles et essences de térébenthine, brais, goudrons, etc.

En soumettant à un feu doux et modéré, ou à une chaleur solaire suffisante, la résine molle, on la fait fondre ; et en la jetant, en cet état de fusion, sur un filtre de paille où elle se débarrasse de toute matière étrangère, on obtient ces liquides visqueux appelés *pâtes de térébenthine* que l'on met aussitôt en barriques. Par la chaleur solaire, on obtient la pâte fine ou pâte *au soleil ;* par une chaleur artificielle *modérée*, la pâte commune : un feu trop vif cuirait la matière, la solidifierait et lui enlèverait ses qualités.

Trois heures de cuisson avec distillation à l'alambic de la résine molle ou des pâtes de térébenthine suffisent pour en séparer l'huile ou essence, appelée *eau de raze* par les Provençaux. Le résidu qui se trouve au fond de l'alambic forme le *brai sec, raze, arcanson* ou *colophane* ; brassé avec du barras et de l'eau chaude, après fusion, il fournit la *résine d'huile* servant à l'éclairage dans les Landes et sur les côtes de Bretagne. La *résine jaune* s'obtient d'une manière assez analogue.

En carbonisant soit en terre, soit dans des fours en briques le cœur des vieux pins abattus, les souches et les racines, le tout écorcé et coupé en bûchettes, il s'écoule un liquide épais et visqueux qui n'est autre que le *goudron*. Mais si, au lieu de ces bûchettes préparées et choisies, on fait carboniser de la même manière tous les débris enduits de résine, pailles, augets hors de service, morceaux de barriques, etc., le liquide brun qui s'écoule est une sorte de goudron moins pur et plus commun nommé *brai gras*, et qui est employé par la marine à l'égal du premier. Par un autre procédé de combustion des mêmes débris, on obtient le noir de fumée qui s'attache à des toiles disposées à cet effet d'où on le sépare aisément au moyen d'une légère secousse.

Le pin d'Alep, en Provence, se gemme comme le pin maritime, mais il fournit des produits beaucoup moindres.

On ne résine pas ordinairement le pin sylvestre ; mais il arrive quelquefois que les sucs résineux s'accumulent dans certaines parties de la tige et les saturent au point de leur donner une apparence et une consistance cornées : les maraudeurs enlèvent dextrement ces parties, les débitent en bûchettes et les vendent sous le nom de *bois gras*, très-recherché pour allumer le feu. Mais la résine étant toujours très-abondante dans les souches et les racines, on les carbonise souvent à la manière de celle du pin maritime pour en obtenir du goudron.

Des Lombards, qui parcourent chaque année, de juin en septembre, les forêts de mélèzes du Valais, en Suisse, en extrayent la térébenthine dite *de Venise*, qui passe pour être plus pure et de qualité meilleure que celle qu'on extrait du pin. Ils opèrent sur des arbres parfaitement sains, ni trop jeunes, ni trop âgés, sur lesquels ils percent, à l'aide de tarières et à partir de deux à trois pieds de haut, des trous légèrement inclinés vers le sol et dont la profondeur est calculée de manière à atteindre le cœur de l'arbre sans l'entamer.

Dans ces trous, larges de trois centimètres environ, et percés de préférence du côté du midi, l'on enfonce des chevilles de bois, forées elles-mêmes dans toute leur longueur, et dont l'extrémité inférieure se termine en gouttières. La résine tombe de ces gouttières dans des augets. Quand une gouttière ne coule plus, on la ferme, en la remplaçant par une cheville pleine que l'on rouvrira plus tard, et de nouveaux trous sont creusés un peu plus haut successivement jusqu'à trois ou quatre mètres. La saison terminée, toutes les gouttières sont fermées pour n'être rouvertes qu'à la saison suivante. — Un mélèze sain et vigoureux, dit le marquis de Chambray, peut fournir annuellement de trois à quatre kilogrammes de résine pendant quarante ou cinquante ans : après quoi le bois n'est plus propre qu'au chauffage.

La *Poix de Bourgogne* est un produit des forêts d'épicéas, dont il ne se rencontre pas une seule en Bourgogne, et se récolte en Allemagne et en Suisse. Une entaille est faite au corps de l'arbre de manière à ne pas entamer le bois. La résine, qui transsude entre l'aubier et l'écorce, vient se coaguler et se figer sur la plaie en gros flocons que l'on récolte tous les quinze jours en rafraîchissant l'entaille. Celle-ci doit être faite autant que possible à l'abri de la pluie; si elle est seule sur un arbre, le bois, dit-on, n'en est pas altéré, et même elle prolongerait la durée des épicéas *situés* sur des sols trop riches ou trop gras. Mais plusieurs entailles sur le même sujet l'affaiblissent et enlèvent à son bois toutes autres qualités que celle du chauffage.

Mêlée avec de l'eau et fondue sur un feu modéré, la résine ainsi obtenue donne la poix *jaune*, *grasse*, appelée *poix de Bourgogne*. On en tire aussi de l'essence de térébenthine, de la colophane, du noir de fumée, etc.

Dans les sapinières du Jura, de la Suisse, de la Forêt-Noire et des Vosges, mais toujours assez loin de Strasbourg, on obtient la *térébenthine de Strasbourg* en perçant l'écorce des sapins avec le bec d'un petit vase de fer-blanc qui va crever les ampoules ou vessies résinifères contenues entre le bois et l'écorce. Cette opération, qui ne cause aux arbres aucun préjudice, est d'ailleurs peu productive et tend à cesser d'être pratiquée.

Les conifères indigènes, autres que ceux dont nous avons parlé dans ce chapitre, ne sont point soumis au résinage, parce qu'ils ne pourraient pas fournir en quantité rémunératrice leurs sucs résineux. Quant aux conifères exotiques, plusieurs d'entre eux sont assurément résinés dans les pays où ils sont indigènes; mais ceci nous intéresse moins. Du reste les procédés employés, pour varier dans les détails, ne peuvent, au fond, que se rattacher à ceux que nous avons indiqués. Le pin d'Autriche,

que l'on peut actuellement considérer comme indigène en France, est très-riche en résine ; quand il
sera plus abondant, il pourra donc faire concur-
rence sous ce rapport à nos autres arbres verts.
Nul doute que, pareillement, beaucoup d'autres
conifères exotiques ne soient aussi dans le cas de
fournir ces précieux produits.

Terminons ces indications sur le résinage par le
récit suivant d'un Français arrivant en Amérique
chez un planteur du Sud, et qui, soit dit en passant,
se trouva peu de temps après englobé, malgré lui,
dans la rébellion des esclavagistes.

« Après une demi-heure d'un pas très-allongé, j'atteignis
la forêt de sapins. Quels arbres ! et comme ils étaient pressés !... Un sentier, qui serpentait et que je voyais se dé-
rouler comme un ruban gris dans les profondeurs du bois,
me parut être dans la direction indiquée. Je m'y engageai
résolûment. Le sol était moussu... Les grands pins aux troncs
cuivrés et sanguinolents par places formaient rigidement la
haie : à droite et à gauche mon regard n'allait pas au delà
de cent mètres...

« Je m'étais chargé de quelques provisions ; assis sur un
tertre, je me mis en devoir de déjeuner. Je m'installai le plus
commodément possible, le dos appuyé sur le tronc d'un
sapin..., mais quand je voulus me lever, ma blouse était
collée à l'arbre, et mon pantalon tenait au sol. Chacun de
ces arbres avait une entaille à hauteur d'homme, et dans
les lèvres de cette entaille était assujetti un mince roseau ;

par ce roseau s'écoulait la résine. En soumettant à cette saignée perpétuelle une forêt de sapins, on recueille assez de produits résineux pour alimenter plusieurs chaudières qui transforment ce produit naturel en essence de térébenthine. C'est là une des principales industries de la Caroline du Sud. Cette leçon me coûta une blouse et un pantalon. Je m'étais assis en plein dans l'espèce de cuvette creusée dans le sol pour recevoir la résine découlant du roseau. De sorte que, tandis que ma blouse se collait au sapin, que je demeurais mollement assis dans la résine fraîche, par le roseau continuant son rôle de fontaine, découlait goutte à goutte sur mon chapeau le sang de l'arbre très-productif.

« Ainsi gommé du pied à la tête, et reluisant comme une feuille de chou sur laquelle se sont promenés des colimaçons, je repris ma route. Tout à coup des voix humaines frappèrent mon oreille! Après un coude du sentier, qui contournait un bloc de roches moussues, un spectacle curieux me fut donné. Une sorte de petite charrette d'osier surmontée d'un dais de toile grise obstruait mon chemin, et tout autour, debout au pied de chaque arbre, était un nègre qui rafraîchissait une de ces entailles dont je connaissais désormais le rôle. D'autres nègres, munis de calebasses, récoltaient la résine dans les cuvettes pour la transporter dans la charrette au dais gris... Et qui est-ce qui gardait ce troupeau? — car il y en avait bien cent, — qui? une jeune fille de dix-sept ans à peine. Elle était assise sur le tronc renversé d'un sapin ; à côté d'elle une jeune négresse,.... etc. (1). »

(1) *Épisode de la guerre d'Amérique: Récit d'un soldat du Sud,* par Marius de Fontane, dans Le Contemporain, *Revue d'Économie chrétienne,* année 1865, t. VIII.

ÉPILOGUE

Le moment est venu de clore notre modeste livre ; et c'est par un petit apologue que nous demanderons la permission de le compléter.

Transporté sur l'aile de l'ouragan, bien loin de ses Vosges natales, une graine de sapin pectiné s'était arrêtée sur un brûlant sol de craie, en un coin perdu de la Champagne. Un peu de terreau provenant de la décomposition de quelques bruyères s'étendait en ce lieu sur la craie, et quelques humbles plantes portaient une demi-ombre sur cette aire sauvage. Fatiguée d'être, sans arrêt, secouée et emportée dans l'espace au gré des vents capricieux, la petite graine s'était dit : « Germons toujours, puisque voilà un peu de terre et un peu d'ombre ; peut-être, moi aussi, deviendrai-je un grand arbre ! »

Et la pauvre petite graine avait germé ; elle s'était fait une tigelle avec de petites racines et même un peu de chevelu autour.... Mais la mince couche de terre de bruyère fut vite traversée, et les jeunes racines virent bientôt leur chevelu sécher au contact de la craie aride ; et au-dessus du sol, les feuilles de la tigelle perdaient peu à peu leur verdure foncée et jaunissaient au soleil ; tous les efforts de la malheureuse petite plante n'aboutissaient qu'à conserver sa vie ; elle ne grandissait pas et se disait avec douleur : « Ne serai-je donc jamais autre chose qu'un misérable arbuste ? »

Mais un jour un forestier vint à passer par là, un modeste forestier assis au plus bas échelon de la hiérarchie : il n'était que simple garde cantonnier ; mais c'était un cantonnier industrieux et intelligent. Il voit le pauvre sapineau ; d'un coup de sa pioche habilement dirigée, il détache la motte de maigre terrain dans laquelle végétait si péniblement l'arbuste, enveloppe cette motte dans un torchon de mousse et de bruyère, et l'emporte. Le lendemain, au regard du nord et non loin de sa demeure, il met en terre l'humble plante dans un sol frais, profond et divisé au milieu de la forêt commise à ses soins.

Là, le jeune sapin put, tout à l'aise, étendre ses racines, développer ses branches et élancer sa flèche ; il devint un grand arbre à l'ombre duquel se reposent aujourd'hui les petits-fils de l'intelligent cantonnier.

Tel est notre apologue.

La petite graine et le jeune sapin personnifient en quelque sorte la famille tout entière des résineux. A chacun d'eux, en effet, il faut un sol approprié aux exigences de son espèce ; et l'heureux choix du sol pour les essences ou des essences pour le sol est la condition *sine quâ non* de tout succès dans la culture des arbres verts.

Que si de jeunes conifères végètent misérable-
ment à la façon de notre sapineau, il ne faut pas les
abandonner, encore moins les détruire ; mais,
comme le cantonnier intelligent, il nous faut les
transporter avec précaution dans un milieu qui leur
soit plus propice.

Et maintenant, puisse ce petit livre trouver bon
accueil auprès d'un lecteur bienveillant. Nous aurons trouvé la récompense de notre labeur si nous
avons pu nous rendre à la fois agréable et utile ;
car,

Omne tulit punctum qui miscuit utile dulci !

FIN DES CONIFÈRES.

EXPLICATION DES ABRÉVIATIONS

Employées dans la Table synonymique.

Amériq.	Signifie en Amérique,		**Lam.**	Signifie Lamark.
And. Murr.	— Andrew Murray.		Lamb.	— Lambert.
Angl.	— chez les Anglais		Lindl.	— Lindley.
Ant.	— Antoine.		Loisel.	— Loiseleur - Des-
Antiq.	— les auteurs de			longchamps.
	l'antiquité.		Loud.	— Loudon.
Audib.	— Audibert.			
			Marsh.	— Marshall.
Bauh.	— C. Bauhin.		Math.	— Mathieu.
Baumg.	— Baumgarten.		Mexiq.	— au Mexique.
Blond. Dej.	— Blondeau-De-		Mich.	— Michaux.
	jussieu.		Mirb.	— Mirbel.
Boiss.	— Boissier.		Molin.	— Molina.
Bong.	— Bongard.		Murr.	— Andrew Murray.
Bon jard.	— les auteurs du			
	Bon jardinier		**Newb.**	— Newberry.
Bridg.	— Bridges.		Nouv. Ze.	— en Nouvelle-Zé-
				lande.
Carr.	— Carrière.			
C. Bauh.	— C. Bauhin.		**Parkins.**	— Parkinson.
Chamb.	— Mᶦˢ de Chambray		Poepp.	— Poepping.
Chin.	— chez les Chinois.			
Coss.	— Cosson.		**Raf. ou Rafin**	— Rafinesque.
			Rob. Brown	— Robert Brown.
De Chamb.	— Mᶦˢ de Chambray		Rich.	— Richard.
De Mort.	— de Mortilier.		Roxbu.	— Roxburgh.
Desf.	— Desfontaines.		Roy.	— Royle.
De Vilm.	— de Vilmorin.		Rumph.	— Rumphins.
Divers	— Divers auteurs.			
Domb.	— Dombey.		**Salisb.**	— Salisbury.
Dougl.	— Douglas.		Senil.	— Senilis.
Duham.	— Duhamel.		Sieb. et Zucc.	— Sieboldt et Zuc-
				carini.
Ehrh.	— Ehrhardt.		Spreng.	— Sprengel.
Endl.	— Endlicher.		Staunt.	— Staunton.
Fisch.	— Fischer.		**Targ. Tozz**	— Targioni Toz-
Forb.	— Forbes.			zetti.
			Torr.	— Torrey.
Gord.	— Gordon.		Tournef.	— Tournefort.
Griff.	— Griffith.		Trautw.	— Trautwetter.
Henk.	— Henkel.		**Vibr.**	— Mᶦˢ de Vibraye.
Hochst.	— Hochstetter.		Vilm.	— de Vilmorin.
Hort.	— Horticulteurs.		Vulg.	— Vulgairement.
Jap.	— au Japon.		**Wall.**	— Wallich.
Jungh.	— Junghuhun.		Wisliz.	— Wislizenus.

NOTA. — Ne figurent pas sur cette liste les noms d'auteurs qui sont constamment écrits en toutes lettres à la table synonymique.

Paris, Imprimerie Paul Dupont.

TABLE SYNONYMIQUE

DES CONIFÈRES

Suivant l'ordre adopté dans cet ouvrage pour
leur classification.

OBSERVATION IMPORTANTE. — Les espèces ou
variétés avec leurs synonymes (Syn.), dont la mention en cette
table est suivie de simples guillemets remplaçant un numéro de
pagination, sont celles qui ne figurent pas dans l'ouvrage. Ces
espèces sont ordinairement figurées entre deux traits, séparé-
ment et à la suite de chaque genre ou subdivision de genre.
Quant aux variétés (Var.) non décrites dans l'ouvrage mais se
rattachant à des espèces qui y sont indiquées, elles figurent en
lettres italiques.

On a rappelé, pour les espèces les plus importantes, la nature
des sols dans lesquels elles peuvent prospérer, au moyen des
abréviations suivantes placées soit au-dessous, soit à la suite
du nom principal de l'espèce :

A. pour **sol argileux** ; Ar. pour **sol aride** ; C. pour **sol
calcaire** ; D. pour **sol divisé** ; H. ou Hum. pour **sol humide** ; M. pour **sol marécageux** ; Prf. pour **sol profond** ;
S. pour **sol siliceux** ; S. S. pour **sol sec** ; t. T. pour **tous
terrains.** Les composés de ces abréviations s'expliquent d'eux-
mêmes : A. S. signifie : **sol argilo-siliceux** ; A.-S. signifie :
sol argileux ou sol siliceux ; A.-A. S.-m. C. signifie : **sol argileux** ou sol argilo-siliceux, même **sol calcaire,** etc.

TOME I.

Pages

ORDRE Ier. — Les Abietinées...................... 71

SECTION PREMIÈRE dite **Abics**................ 73
   Syn. **Sapiniées**, Carrière.

GENRE Ier. Sapin lat. **Abies.**
     Syn. *Picéa*, chez les Anglais)........ 75

Sapin Baumier de Gilead, (Balsamea, Balsami-
    fera). *Carr.*, *Divers;*
    Syn. Mineur, de Virginie, *Duhamel et autres*...... 98

Sapin Bifide, *Carr.*, *Siéboldt* et *Zuccarini;*
    Syn. Firma, *Andrew Murray;*
    Fo-bi-sjo, *Chine;*
    Homolepis, *Sieb. et Zucc.*, *And. Murr.;*
    Sagu-Moni, *Japon, And. Murr.;*
    Peucoïde (Peucoïdes, *And. Murr.*).......... 106

Sapin à Bractées, *Carr.*, *Hooker et Arnott;* (S. Sec, ar.).
    Syn. Venusta, *Douglas;* 92

Sapin de Céphalonie, *Carr.*, *Endlicher*, etc.
    Syn. d'Apollon, *Antoine, Gordon, Link;*
    d'Arcadie, *Henkel et Hochstetter;*
    de Luscombe, *Loudon, Gord.;*
    du Parnasse, *Henk., et Hochstt.;*
    Koukounaria, *chez les Grecs* 83
    Var. du Péloponèse, (*Haage*), Panachaïque, (*Hel-
    dreich*), de la reine Amélie (*ibid.*),........ 87
    Latifolia, Robusta, Rubiginosa (Carr.)...... »

Sapin de Chiloé. —
    Syn. Naphte, *Knight, Gord.;*
    d'Herbert, *Madden;*
    If de Lambert, *Wallich;*
    de Pindrow, *Spach. Carr*.............. 106

Sapin de Cilicie, *Carr.;*
    Syn. Blanchissant (Candicans, *Fischer*, ex Gord.);
    Leïoclade, *Hort., Gord* 88

Sapin Commun (Vulgaris), *Poiret, Spach;*
    Syn. Argenté, *de Chambray;*
    Blanc, *Miller, Baumgarten;*
    à feuilles d'if, (Taxifolia), *Tournefort, Des-
    fontatnes;*
    du Jura, de Lorraine, de Normandie, des
    Vosges, *Vulg.*
    Pectiné, *Carr.*, *De Candolle;*......... 76

F. D. — C. (?).

F. D. — S.

TABLE 257

Pages

Var. Nain (Nana, Prostatra, *Hort.*).
Tortueux, *Carr.*, *Gord.*, Pleureur, (Pendula,
ibid). Pyramidal *Carr* 80-81
A cheveux d'or, (Auricoma). — *Brévifolié.* —
Columnaire. — *Dressé (Stricta).* — *Elégant.*
Métensis. — *Panaché*, (*Variégata*). — *Ténui-*
folié. — Carr .... »

Sapin d'Espagne, *de Chambr* .;
Syn. Pinsapo, *Boisier, Lindley, Carr.*, etc 81
Var. *Pinsapo Baboriensis.* — *Pins. Glauca.* —
Pins. Pyramidata. — *Pins. Variegata.*— Carr.

Sapin de Fraser. *Lindley, Carr.*, etc.;
Syn. Baumier Double. *Hort* 93
Var. *de Fraser Azuré* (*Cœrulea*), Hort.
Glauque ou Nain (*Prostrata*), Hort.   } ..... »
de Fraser d'Hudson, Hort. et divers;

Sapin Gracieux (Amabilis, *Carr.*, *Forbes*)........ 103

Sapin Grandisime (Grandis, *Carr.*, *Lindl.*, etc).
Syn. Concolore, *Lindl.*, *Gord.*, etc.;
Falqué ou en faux, *Rafinesque;*
Lasiocarpé, *Hooker,Lindl.*, *Gord.;*
de Low (Lowiana, *Gord*)................. 99

Sapin Hétérophylle. (Voir aux Tsugas)

Sapin Noble, *Lindley, Carr, etc*.............. 95
Var. *Noble Glauque*, Hort.;
Noble Robuste, Veitch;   } .... »
ou *Amabilis magnifica*, Hort.;

Sapin de Nordmann, *Spach, Carr., etc.;*
Syn. de Circassie.—
Léioclade, *Gord.;*
Leptoclade, *Endl.*, *Lindl.*, *Gord.;*......... 103

Var. *A courtes feuilles* (*Brevifolia*, Carr.); }
Réfracté, Carr.; *Robuste*, Carr.;   } .... »

Sapin à rameaux velus (Hirtella, *Carr.; Loud.,*
Lindl., etc............................ 101
Syn. Religiosa var. Hirtella, *Carr.;*

Sapin Sacré (Religiosa, *Lindl.*, *Carr.;* etc.)
Syn. Oyamel, *Mexique* 101
Var. *Glaucescent*, Carr., Gord , etc.
Tlapalcatuda, Roezl;   } .... »
de *Lindley*, Roelz. — *Hirtella, Carr.*

Sapin Trigone (Voir aux Tsugas).

Sapin de Webb (Webbiana. *Lindl.*, *Carr.*, *etc.*)
Syn. de Chilrow, *Henkel et Hochstetter;*
à cônes pourpres;, *Bon jard.;*

Pages

Epais (Densa, *Griffith*);
Remarquable (Spectabilis, *Lambert*); 106
Tinctorial (Tinctoria, *Wallich*).
Var. *Affinis*, Carr.; Hort.; .... »

Sapin Aromatique, *Endl.*, *Carr.*; .... ›

Sapin de Finhonnoski, *Robert Neumann, Carr.*;.. ›

Sapin de Fortune, *And. Murray;*
Syn. de Jézo, *Lindley.*,
Keteleeria Fortunei, *Carr.*; (*Cônes dressés
et écailles non caduques*)................. »

Sapin de Gordon, *Carr.;*
Syn. Grandis de Vancouver, *Bridges* ;
de Parson, *Gord.;*................. »

Sapin de Numidie, de Lannoy, *Carr.;*
Syn. Pinsapo de Babor, *Cosson;* .... ›

Sapin de Sibérie (Sibirica), *Ledebour;*
Syn. Pichta; *Lindl.*, *Gord.;*
Var. Sibirica Alba, (*Carr.*) vel Longifolia (*Gord.*). ›

Sapin de Tschonoski, *Regel, Carr.;* .... »

Sapin de Veitch, *Lindl.*, *And. Murr.*, *Carr.;* ...... »

GENRE IIe. — Tsuga 112

Tsuga de Brown ou Brunoniana, *Carr.;*
Syn. Buissonneux (Dumosa), *Lambert, Loudon* ;
Caduc (Decidua) , *Wallich;*
Cédroïde, *Griffith;* 119

Tsuga du Canada, *Carr.;*
Syn. d'Amérique, *Marshall;*
Hemlock-Spruce, *Angl.;*
Sapin du Canada, *Vulg.;* 113

Tsuga de Douglas, *Carr.* (1re éd.)
Syn. Pin à feuilles d'if (Taxifolia) *Lamb.;*
Pseudotsuga de Douglas, *Carr.* (2e éd.)
Sapin de Californie, *Hort.;*
Sapin de Douglas, *Lindl.*, *Loud.*, *Gord.*,
etc.
Sapin Oblique *Rafin.*, *Gord.*, *Bongard.;* 116
Var. Mucronée des marais (Mucronata Palustris) 119

TABLE 259

Pages

Var. *Buissoneuse (Dumosa)*, Carr.................⎫
    Dressée (Stricta), Carr...................⎪
    Fastigiée, à feuilles éparses, Carr.;⎪
    de Standish, Gord., Sénéclauze..........⎬ »
    Taxifoliée. Carr., *de Drummond,* Gord.;⎪
    A courtes bractées: Ant., *du Mexique,*⎪
    Hartweg, *Pectinée,* Hort...............⎭

Tsuga Hétérophylle (ou sapin Hétérophylle) *Raf.*
  de Mertens, *Carr.;*
  Hemlock-Spruce à feuilles d'if. *Gord.;*..... 123

Tsuga de Siéboldt, *Car.;*....................... 119
  Syn. Araraji, Toga-Matsu, Tsuga *(Japon)*.
  Var. *Nain (Naua), Fime-T. Lime-T.* (Japon)..... »

Tsuga Trigone (ou Sapin Trigone), *Rafin.;*
  Syn. de Californie, *Hort.;*
    Gracilis, *Hort.*
    de Hooker, *Hor.,* *Carr.,* etc.;
    de Patton, *Balfour.,* *Murr.,* *Van Geert,* etc.;
    de Willamson, *Newberry.*
    Hemlock-Spruce de Mertens................ 121
    Séquoia de Rafinesque, *Carr.;*

Tsuga de Vancouver. (Syn.: de Standish., *Séné-*
  clauze [?])............................... 191

Tsuga de Lindley, *Roclz, Carr.;*.............. »

GENRE IIIᵉ **Epicéa,** — lat. **Picea**.............. 121
    (Syn: *Abies,* chez les Anglais.)

Epicéa Commun (P. Vulgaris), *Link ;*
  Syn. Elevé (Picea Excelsa), *Carr.;*
    Majeur (P. Major prima) *C. Bauh. ;*
    Abies Carpathica, *Hort.;*
    Abies Excelsa, *Loud., Lindl., Gord.,* etc.;
    Abies Gigantea, *Smith ;*
    Abies Picea, *de Chamb.;*
    Fie, Fue, Pesse, Serente, Serinto, *Vulg.*
    Pin Sapin (Pinus abies), *Lamb; Ant.;* etc.
    Sapin Cendré, sapin Gentil, sapin du Nord
    Sapin de Norwége. sapin Rouge, *Vulg*...... 123
  Var. Buissoneuse (P. Dumosa), *Carr.;*
    Cônique ou Dressée, *Carr. Gord ;*
    de Cranston ou Dénudée, *Carr.;*
    de Clambrasil, *Carr.;*

Pages

Monstrueuse (Monstruosa, *Carr.*);
Mucronée, *Carr.*;
Naine, *Carr.*;
à rameaux pendants (Pendula, *Carr.*);.... 132
Var. Piceæ : *Attenuata; Aurea; Candelabrum;*
Columnaris; Concinna; Densa; Eremita;
Finedonensis; Fructu Rubro; Gregoriana,
Pygmæa (Minima, Minuta; Fruticosa, Par-
vula, Pumila); *Inflexa; Integrisquamis;*   »
Intermedia; Inverta; Microphylla; Muta-
bilis; Phylicoïde; Procumbens; Pyramida-
lis; Sibirica; Tabulæformis; Tenuifolia;
Variegata; Viminalis. — Carr. ;

Epicéa de Menzies, *Carr.*; (A.-S.-F.).
Syn. de Jezo, *Senil.*;
de Sitcha, *Lindl.*, *Gord.*, *Carr.*;......... 143
Var. Crispée; Fastigiée; Naine ; Panachée, *Senil.* 145

Epicéa Morinda, *Link.*, *Carr.*;
Syn. Khutrow, *Endl.*, *Royle, etc.*
Pleureur (Pendula) *Griff.. Gord.*, *etc.*;
Polita, *Gord.*, *Henkel et Hochst.*;
Sapin de l'Hymalaya
Sapin de Thumberg, *Lamb.*, *Gord.*, *etc.*;
Smithiana. *Lamb.*. *Wall.*, *etc.*;
Spinulosa,, *Griffith*..................... 140

Epicéa d'Orient, *Carr.*;
Syn. de Withmann, *Carr.*;.................. 139
Var. *d'Orient Nain (Pygmæa)* Carr............ »

Sapinette blanche (Picea Alba) *Link.*, *Carr.*;
Syn. Abies Alba, *Mich.*, *Lond.*, *Loisel.*, *etc.*;
Epinette Blanche, *vul.*
Pesse Blanche, Glauque, Large, Tétragone,
Pin Lâche (Laxa), *Ehrh*
Sapin Curvifolié, *Hort.*;................... 133
Var. Sapinette bleue (Picea alba cærulea *Carr.*; 135
Blanche Echiniforme; B. Fastigiée;
B. Intermédiaire ou Hybride, Naine ou   »
Prosternée (Prestrata); Pendante. — Carr.

Sapinette Noire (Picea Nigra), *Link.*, *Carr.*;
Syn. Epicéa Denticulé, *Hort.*,
Epinette Noire *vul.*
Pesse Marianne *vul.*
Sapin du Maryland, *J. Senilis;*
Sapin noir, *Mich.*, *Loud.*, *Loisel etc.*;.... 136
Var. Sapinette Noire glauque;.............. 138
Naine (Pumila) ou Fastigiée; *Carr.*; *Gord.*, etc 139
de Doumet, Carr....................... »

TABLE 261

Pages

Epicéa d'Alcock, *A. Murr.*, *Carr.*, *etc.*;............ »

Epicéa de Californie, *Carr.*;...................... »

Epicéa d'Engelmann. *Carr.*;...................... »

Epicéa de Maximowicz, *Carr.*;.................... »

Epicéa Microsperme, *A. Murr.*;.................... »

Epicéa Ovoïde (Obovata, *Carr.*);
   Var. de Schrenk, *Carr.*;.................... »

Sapinette Rouge (P. Rubra, *Carr.*);.............. »

———

GENRE IVᵉ. — **Mélèze**, lat. **Larix**............ 146

Mélèze d'Amérique.
  Syn. (Larix) Americana, *Loud.*; -
      Fraseri, *Gord.*;
      Intermedia, *Du Roi* ;
      Microcarpa. *Lamb.*, *Loud.*, *Carr.*, *etc.*;
      Tenuifolia, *Salisbury.*
      Mélèze du Canada (*Canada*);
      Epinette rouge (*Canada*) ;
      Hacmack (*Etats-Unis*) ;
      Hacmatack (*Id.*) ;
      Tamarack (*Id.*)........................ 161
  Var. Pendula (à rameaux pendants), *Loud.*,
    Gord., etc........................ 163
    Brevifolia, Carr.; *Prolifera*, Carr......... »

Mélèze de la Chine (Larix chinensis).—
  Syn. Aimable (Amabilis, *Senilis*).
    de Kœmpfer, *Fortune.*
    Faux-Mélèze (Pseudolarix, *Gord.*, *Carr.*, *etc.*)
    Kara-Maas-Nomi (*Japon*).
    Sapin de Kœmpfer (Abies Kœmpferi, *Lindl.*,
    Murray).
    Seosi (*Jap.*). — Pin de Kœmpfer, *Lamb*.... 167

Mélèze d'Europe, *Math.*
  Syn. (Larix) Europæa, *Loud.*, *Gord.*, *Chambr.*, *etc.*; -
    Excelsa, *Link*;
    Decidua, *Henckel* et *Hochst.*;
    Pyramidalis, *Salisbur.*;
    Mélèze Commun (L. Vulgaris, *Spach.*).......... 150
    Pin-Mélèze, *Ant.*, *Lamb.*, *Endl.*, *etc.*
    Sapin-Mélèze, *Lindl.*, *Gord.*, *etc.*
  Var. Mélèze Blanc (Alba, *Loud.*, *Carr.*);
    Compacte, *Lawsonn*, *Carr.*;

Page

Mélèze blanc de Dahurie *Loud.*, *Gord.* (ou d'Altaï);
d'Archangel, *Lawson;* du Kamtschatka,
Rupprecht (*ex Gord.*).
de Ledebour, de Sibérie, de Rossi, *Carr.*;
Rampant (Repens, *Carr.*);
Rouge (Rubra, *Carr.*)............................ 16

Mélèze du Japon (L. Japonica, *Carr.*).
Syn. Fusi-Matzu, Kara-Matz-Kui, Rak-Jo-Sjo (*Jap.*);
Larix Nodosa, Nummularia, *Divers*, Sapin à
deniers d'or,*vulg*........................ 16•
Var. Larix Japonica Leptolepis (*And. Murray*)
Vel Macrocarpa (*Carrière*)................ 16•

Mélèze du Népaul (L. Nepalensis).
Syn. de Griffith, *Carrière*, etc.
de Sikkim.—......................... 16:

GENRE V^e. — **Cèdre,** lat. **Cedrus**............. 17C

Cèdre de l'Atlas (C. Atlantica, *Carr.*).
Syn. de l'Afrique (C. Africana, *Hort.*).
Argenté, *Loud.*, *Gord.*.
Elégant, *Knight and Perry*............... 18:
Var. Glauca vel Nivea; *Variegata;* Carr........ »

Cèdre de l'Inde (C. Indica, *de Chambr.*).
Deodara, *Loud.*, *Gord.*, *Carr.*, etc.
Pleureur, Sacré, du Thibet............. 184
Var. Argentea; Compcta; Crassifolia; Fasti-
giata; Flava; Robusta; Tristis; Variegata;
Viridis vel *Tenuifolia.* — Carr .... »

Cèdre du Liban (C. Libani, *Barrelier*).
Syn.: Etalé (Larix Patula, *Salisbury*).
d'Orient Larix orientalis *Tournef.*);
de Phénicie, *Renealm ex Gord.*;
Cedrelate, *Pline*; Grand Cèdre (Cedrus Ma-
gna, *Pline*); Haut-Cèdre (Alta Cedrus Plin). 174
Var. A feuilles caduques (Decidua, *Carr.*)..... 181
Glauque; Pendante; *Carr.*; *Loud.*; *Gord.*. 181
A petits fruits (*Microcarpa*); *Candélabre;*
Dénudée; Dressée (*Stricta*); *Fusiforme;*
Naine; Naine .pyramidée. — Carr....... »

TABLE 263

Pages

SECTION DEUXIÈME. — **Pinus**.................... 190
    Syn. **Pinées,** *Carr*.;

GENRE UNIQUE. — **Pin,** lat. **Pinus**.......... 190

GROUPE 1er. — **Pins à 2 feuilles** 193

    Pin de Banks, *Lamb*., *Carr*.;
      Syn. Divariqué, *Hort*.;
        d'Hudson, *Lamark*;
        des Roches (P. Rupestris), *Michaux fils* 214
    Pin (*a*) à Crochets (P. Uncinata), *Endl*., *Carr*.. *Mathieu, etc* 208
    (*b*) de Montagne (P. Montana), *Du Roi*............ 210
      (Syn. : de Fischer , *Loud*.; Humble, *Link*;
      Oblique, *Sauter*; Pumilio Rond [Rotundata],
      Carr.; Pyramidal, *Carr*.; Uliginosa, *Link*.)
    (*c*) Mugho, *Lindl*., *Gord*., *Loud* 211
      (Syn.: Pin-Crin, *Mathieu*, P. Mughus, *Scopoli*,
      P. Suffin, P. Suffis, Torchepin, *Mathieu*)..
    (*d*) Chétif (P. Inops, *Carr*.)................... 211
      (Syn. Pauvre, *Carr*.; Ruthène, *Hort*., Variable, *Lamb*., de Virginie, *Du Roi*).
    (*e*) Nain (Pinus Pumilio, *Carr*.)............ 212
      (Syn. Pinus Echinata, *Hort*., Magellensis,
      Hort., Rostrata, *Endl*., *Carr*., Rubræflora,
      Loud., Sanguinea, *Lapeyrouse*, *Gord*.).

    Pin d'Italie (Pinus Italica).
    Syn. Bon, *Math*.
      de Crète (Cretica, *Loud*., *Carr*.).
      Cultivé (Sativa, *Bauhin*).
      Domestique, *Math*.
      Franc, *Math*.
      Parasol (Umbraculifera, *Tournef*.)..
      de pierre, *Math*.
      Pignon, *Id*.
      Pinier (Pinea, *Math*., *Carr*., etc.)........ 242
    Var. à Coque tendre (Fragilis, *Carr*.) ou de Tarente (Tarentina) 244
      de Madère, (Maderiensis, Carr.)........... »

Pages

PINS LARICIOS.
   (*a*) Laricio de Corse (Corsica), *Math.*, *Carr.*
Syn. des Cévennes (Cebennensis, *Gord.*).
        de Poiret (Poiretiana, *Endl.*).............   226

   (*b*) Laricio de Calabre, *Math.*
Syn. Dressé (Stricta, *Carr.*)..................   232
Var. L. *Bujotii*,   L. *Contorta*,   L. *Monstrosa*,
       L. *Pendula*, L. *Pygmæa*, L. *Pyramidata*, } ..   »
       L. *Variegata*. — Carr.................

   (*c*) Noir d'Autriche (Austriaca, *Carr.*).
Syn. Laricio d'Autriche, *Math.*
       de Hongrie (Hungariæ).
       Noir (Nigra, Nigricans), *Divers*   232

   (*d*) de Tauride ou du Taurus (Taurica, *Hort.*).
Syn. Laricio de Caramanie, *Gord.*
       de Pallas (Pallasiana, *Loud.*, *Endl.*, *Carr.*).
       de la Romagne (Romana,   *Hort.*)   241

Pin Maritime, *de Chamb*, *Math.*, *etc.*
Syn. d'Australie (Nova Hollandica, *Loddiges*).
       de Bordeaux, *Hort.*
       de Chine (Chinensis, *Knigth*, *Gord.*).
       du Japon (Japonica, *Hort.*).
       des Landes, *Hort.*
       de la Nouvelle-Zélande, *Hort.*
       Pinastre (Pinaster,   *Endl.*,   *Gord.*,   *Math.*,
       etc.).
       de Sainte-Hélène, *Loud.*, *Gord*   215

Var. (*a*) Majeur (Major, *Duham.*, *Carr.*)............   224
   (*b*) Mineur (Minor, *Endl.*, *Loud.*, *Carr.*), ou du
       Mans, Pinceau, à Trochets (Trocata)   224
   (*c*) d'Aberdeen,   *Loud.*,   de Corte, *Gord.* (the
       Cortean Pine), ou d'Hamilton, *Tenore*, *Gord.*   225
   (*d*) de Lemoine (Lemoniana, *Endl.Gord Loud*).   225
   (*e*) de Masson (Massoniana, *Lamb.Gord. Loud.*)   225
   (*f*) Densiflore (*Sieb. et Zucc.*, *And. Murr.*)....   225

Pin Piquant (P. Pungens, *Endl.*, *Mich.*, *Loud.*,
       Carr., etc.).
       Syn.: de la Table, *Michaux*..............   213

Pin Sylvestre (P. Sylvestris, *Linné*, *Math.*,
       Carr. etc., etc.)   193
   (*a*) Pin d'Ecosse, *De Vilmorin* (Scotica).
       Syn. d'Allemagne, *De Vilm.*, de Champagne,
       De Vilm., Commun, *Math.*, de Darmstadt, *De*
       Vilm.,   de Genève,   *De Vilm.*,   de Hague-
       neau, *De Vilm.*, Horizontal, Tortueux.....   196

TABLE 265

Pages

(*b*) Pin de Riga, *De Vilm*.
Syn. de Mâture, du Nord, Rouge, de Russie,
Math., *Carr.*, etc.............................. 203

(*c*) Pin de Briançon.
Syn. : de l'Ardèche, des Hautes-Alpes, de
Tarare, *De Vilm*............................ 206

Var. *Altaica* (Padufia, Uralensis) ; *argentea* (Horizontalis, Intermedia, Tortuosa); *Compressa, Conglomerata, Fastigiata, Monophylla, Nana, Saxatilis, Spiralis, Variegata,* Carr............................ »

Pin Contourné (P. Contorta, *Loud.*).
Syn. de Mac-Intosh, *Gord.*, de Boursier, *Gord.* »

Pin de Loiseleur ou Résineux d'Alfort, *Duham.* »

Pin de Merkus, *Endl.*, *Gord.*, *Carr.*, *etc.*, de
Finlayson, *Wallich*, de Sumatra, *Junghuhn.* »

Pin à Pointes (P. Muricata, *Loud.*, *Gord.*, *Senilis, etc.*).............................. »
Syn. de Murray.
d'Évêque (Pino Obispo, *Californie*).

Pin Rouge du Canada, *Mich.*, de *Chamb.*, *etc.* »

GROUPE 2ᵉ. — Pins à 2 et 3 feuilles.................... 247

Pin d'Alep (P. Halepensis, *Endl.*, *Loud.*, *Lindl.*,
etc.; P. Guenensis, *Cook, Loud.*)
Syn. Blanc, *Provence.*
de Jérusalem (Hierosolymitana, *Duhamel*). 247

Vir. 1. Pin d'Alep Majeur (Major, *Math.*)
des Cévennes (Laricio Cebennensis, *Math.*)
d'Espagne, *Cook, Roxas, Math.*
Faux P. d'Alep (Pseudohalepensis, *Carr.*,
etc.).
de Heldreich (ou de Fenzli, *Carr.*).
de Montpellier (Laricio Monspeliensis,
Math.)
Nazaron (*Espagne*).
de Parolini (Parolinianus, *Webb, Carr.*).
des Pyrénées (Pyrenaïca, *Endl.*, *Carr.*, *etc.*)
de Salzmann (Laricio Salzmanni, *Math.*).. 252

2. Pin d'Abasie (Abasica vel Abchasica, *Carr.*).

Page

       d'Arabie (Arabica, *Endl.*, *Gord.*, *etc.*)
       du Caire (Carica, *Hort.*, *Don, etc.*).
       de Colchide (Colchica, *Hort.*).
       de Perse, (Persica, *Endl.*, *Carr.*, *Gord.*).
       de Pithus, *Steeven, Gord.*
       de Syrie (Syriaca, *Gord.*, *Carr.*)..........   25

   3. Pin des Abbruzzes (P. Brutia, *Tenore, Gord,*
      Carr., *etc.*). Aggloméré (P. Conglomerata.
      Græffer ex Gord).
      Blanc de Calabre..................... 25

   Pin de Chine (P. Sinensis, *Lamb.*, *Carr.*).
      Syn.: de Cavendish, *Hort.*
      de Khasiya, *Royle*........................... »

   Pin Comestible (P. Edulis, *Wislizenus, Gord.*,
      Carr., *etc.*). (Graines comestibles).

   Pin Doux (P. Mitis, *Mich.*, *Gord.*, *Carr.*, *etc.*).
      Syn.: à Courtes feuilles (P. Microphylla, *Amé-*
      rique).
      Jaune (Yellow-Pine, *Amérique*)..
      Variable, *Pursh*........................... »

   Pin Faux-Cembro (P. Cembroides , *Gord.*,
      Carr.).
      Syn. Fertile, *Roezl.*, *Gord.*
      à Graine osseuse (P. Osteosperma, *Vislize-*
      nus ex Gord). de Llave (P. Llaveana, *Endl.*,
      Gord., *Senil.*). (Graines comestibles appe-
      lées *pignones*.................................... »

   Pin de Frémont, *Endl.*, *Carr.*, *Gord.*, *etc.*;
      Syn. Monophylle, *Torrey et Fremont*;..... »
      (Graines commestibles).

GROUPE 3e. — Pins à 3 feuilles......................... 258

   Pin Austral (P. Australis, *Mich.*, *Carr.*)
      Syn.: à Balais (*Amérique*).
      des Marais (P. Palustris, *Loud.*, *Loisel, etc.*)
      Pinus Georgica, Palmiensis, Palmieri, *Gord.*;
      Boom, Pitch, Red, Yellow : Pine (*Amérique*). 265
  Var. Palustris Excelsa, *Endl.*, *Carr.* ou Lutea,
      Gord., *Carr*.... 267

TABLE 267

Pages

Pin des Canaries (P. Canariensis., *Endl.*, *Loud.*,
  Gord., *Carr.*)... 271

Pin Chinois de Bunge (P. Bungeana, *Gord.*,
  Senilis, *Carr.*)
  Syn. : à Blanche Ecorce,
  des Neuf Dragons,
  Kien-Sung-Mu, Pei-Go-Sung (*Chine*)....... 275

Pin de Coulter (P. Coulteri, *Endi.*, *de Chambr.*,
  Carr., *etc.*).
  syn. : Crochu (P. Adunca, *Bosc*).
  à Gros fruits (P. Macrocarpa, *Gord.*, *Senilis*,
  Knight, *etc.*).
  de Monterey.
  de Sinclair.......................... 260

Pin Insigne [lisez : Insigne-pin] (Pinus Insignis,
  Endl., *Loud.*, *Senilis*, *etc.*).
  Syn.: Remarquable, *Hort*.
  Syn. d'ap. Carr. : P. Adunca, Californica,
  Montereyensis.......................... 263
Var. Radié (*Radiata*, Loud., Gord.,) ou *à gros
  fruits* (Macrocarpa, Carr.)................ »

Pin à Longues feuilles (P. Longifolia, *Endl.*,
  Carr., *Gord.*, *etc.*)................... 268

Pin de Sabine (P. Sabiniana, *De Chambr.*, *Gord.*,
  Senilis, *etc.*)......... 258

Pin Téocote, *Loud.*, *Gord.*, *Carr.*
  Bois-à-torches (Pinus Fax)............ .. 269

Pin de Bentham, *Gord.*, *Senilis*, *Carr.* etc...... »

Pin de Gerard, *Gord.*, *Senil.*, *Carr.*, *etc.*
  Syn. : d'Auckland, *Gord.*, Chilghosa, *Knight*,
  Neosa, (*Indien*.) ... .

Pin de Jeffrey, *Balfour*, *Gord.*, *Senil.*, *etc.*

Pin Lourd (P. Ponderosa, *Endl.*, *Gord.*, *Senilis*, *etc.*)
  Syn. : de Beardsley, *Hort*................ ».

Pin Raide (Rigida, *Loud.*, *Gord.*, *Carr.*, *etc.*)
  Syn. à Aubier, *Hort.*,
  de Fraser, *Loddiges*,
  à Goudron, *Hort.*,
  Hérissé (Echinata),
  de Loddiges, *Loud*....................... »

Pin Tœda (*Endl.*, *Gord.*, *etc.*) ou à l'Encens.... »

Pages

Pin Tardif (P. Serotina, *Loisel.*, *Loud.*, *Gord.*, *etc.*).
Syn. : à Queue de Renard (P. Alopecuroïdea,
Hort.) ....

Pin Tuberculé, *Endl.*, *Gord.*, *Senil.*, *Carr.*, *etc.*

GROUPE 4ᵉ. — Pins à 5 feuilles 280

Tribu Cembra.

(Cônes obtus, dressés, à protubérances *terminales*,
feuilles à gaînes *caduques*).

Pin Cembro (P. Cembra). *De Chambray, Endl.*,
Math., *Carr*, *etc.*, *etc.*
Syn. : Alviès, Auvier, Ceimbrot, Douve,
Tinier, (*Briançonnais*) 280
Var. Dressé (P. Stricta), *Hort.*
Monophylle, *Carr.* 287
Nain (Nana, *Hort.*, Pumila; *Endl.*, Pygmœa,
Loud., *Gord.*; Siberica, *Duchartre*; Parvi-
flore, *J. Senilis*; Gojo-no-Matsu (*Japon*);
Go-sju-sjo (*Chine*) 287
à Pignons de Sibérie 287

Pin de Corée (P. Koraiensis, *Andr. Murr.*) .... »

Pin de Mandschourie, *Carr.* .... »

Tribu Strobus.

(Cônes effilés, aigus, pendants, à protubérances
terminales; gaînes caduques).

Pin Ayacahuite, *Endl.*, *Gord.*, *Carr.*; Tablas
(*Mexique*);
Syn. : Weymouth du Mexique 302

Pin (Grand-) du Népaul (P. Excelsa Nepalensis);
Syn.: Chylla, *Loddiges*;
de Dickson; *Hort.*
Elevé (Excelsa. *Gord.*, *Senilis*, *Carr.*);
à Feuilles pendantes (Pendula *Hort.*);
du Nepaul (Nepalensis) *De Chambr.*;
Pleureur, (*improprement*);
Strobe Argenté, Elevé, *Hort.* 296
Var. Peuce, *Grisebach, Naudin, Carr.*; 300

TABLE 269

Pages

Pin de Lambert (P. Lambertiana, *de Chambr.*, *Loud.*,
  Senilis, etc., etc......................... 304

Pin Strobe (P. Strobus, *Linnée*, *de Chambr.*,
  Loud., *Gord.*, *Senilis, etc., etc.*);
  S.-imM. Syn. : d'Amérique, *Hort.*
  du Canada, *Duhamel*;
  de Lord Weymouth, *Hort.*;
  de Virginie, Pin jaune, (Canada) 289
Var. *Strobus aurea*, S. *Nana* (Compressa, Brevifolia), S. *Nivea* (Alba, argentea). S. *umbraculifera* (*Tabulæformis*), S. *Vridis* : Carr.... »

Pin Monticole, *Endl.*, *Gord.*, *Carr.*........... »

Pin de Loudon, *Gord.*...................... »
  Syn. : Ayacahuite à gros fruits (macrocarpa),
  Gord.;
  Ayacahuite coloré (Colorado, *Mexiq.*);
  de Don Pèdre, *Roczl, Carr.*;
  Faux-Ayacahuite, *Loud.*;
  du Popocatepelt, *Mexiq*.................. »

Pin Strobiforme, *Gord.*; *Carr.* .... »

Pin de Veitch, *Roezl*, ou Hamata *Gord* .... »

Pin de Wizlizenus, *Veitch* (P. Flexilis, *Carr.*).. »

Tribu Pseudostrobus.

(Cônes allongés, généralement aigus, à protubérances
  centrales ; feuilles à gaînes *pérsistantes*).

Pin de Hartweg, *Loud.*, *Gord.*, *Senilis, etc.*;
  Syn. Palla-Blanco;
  de Papeleu, *Roezl ex Gord.*,
  de Standish, *Roezl ex Gord*............. 308

Pin d'Apulco (P. Apulcensis, *Loud.*, *Gord.*,
  Senilis, etc.)......................... »

Pin du duc de Devonshire (P Devoniana, *Loud.*,
  Gord., *Carr.*, *etc.*)..................... »

Pin Faux-Strobe (P. Pseudo-Strobus, *Loud.*,
  Endl., *Gord.*, etc.)..................... »

Pin Filifolié, *Loud.*, *Gord.*, *Senilis, etc.*....... »

Pin Leiophylle ou A-Feuilles-lisses, Gracilis,
  Roelz, Ehrenbergii, *Endl.* .... »

Pages

Pin Macrophylle, *Loud.. Gord., Carr., etc.,* ou de Leroy, *Roezl* ....   »

Pin de Montézuma, *Loud., Gord. Carr* ....
Var. de Lindley, *Loudon* ....   »

Pin Occidental, *Loud., Gord., Senilis, etc.* ....   »
Syn. : de Cuba (Cubensis, *Gord.*) ....   »

Pin Oocarpé ou A-Cônes-Ovoïdes (*Loud., Gord.. Senil., etc.*).. .. ..   »

Pin Rude, *Endl., Gord., Carr* ....   »

Pin de Lord-Russel ou du Duc de Bedfort P. Russeliana, *Loud., Gord., etc* ....
Etc., etc., etc.).   »

PINS DE ROEZL (1) ....   »

TOME II.

ORDRE IIe. — Araucariées-Cunninghamiées.   1

GENRE Ier. — **Araucaria**   7

GROUPE 1er. — Colymbea (*Salisbury, Endl.*)

(1) *Observation.* — M. Roezl, qui résida pendant plusieurs années au Mexique c'était avant que ce pays n'eût définitivement passé à la condition de repaire de bandit, a décrit près de cent espèces de pins nouvelles ou soi-disant telles. Mais M. Gordon, dans son *Supplement to the pinetum,* ramène tous ces prétendus pins nouveaux à un très-petit nombre d'espèces antérieurement connues, tandis que l'auteur du *Pinaceæ Handbook* qualifie sans plus de façon M. Roelz, de « prince des menteurs en matière de pins (prince of impostors in the Pine line). »

M. Carrière, il est vrai, presque toujours en opposition avec M. Gordon (touchante harmonie entre savants!) n'admet pas les réductions que ce dernier a faites, mais il ne légitime pas non plus les espèces de M. Roelz et garde prudemment une attitude expectante et dubitative.

En un tel état de la question, il nous a paru inutile de surcharger la présente table de l'aride énumération de toutes ces espèces douteuses.

TABLE   271

Pages

Araucaria de Bidwell, *Endl.*, *Gord.*, *Carr.* ;............. 18

Araucaria du Brésil, *Endl.*, *Loud.*, *Gord.*, *etc.* ;
   Syn. : de Ridolfi, *Gord.*,
         Colymbée Angustifoliée, (*Bartoloni*), c. à
         d. à feuilles étroites.
         Colymbea Brasiliensis, *Carr.* ;
         Pin Dioïque, *Arrabida*, *ex Gord*.......... 16

Araucaria du Chili (A. Chilensis, *Spach*).
   Syn. Dombeye, *Richard*.
        à Feuilles imbriquées (Imbricata *Endl.*,
        Gord. etc.)
        Colymbée Imbriquée, *Carr.*
        Colymbée Quadrifariéc, *Salisb.*
        Pin d'Araucanie, *Molina*, Pin du Chili, *Gord.*,
        Sapin Columbare, Sapin d'Araucos, *Vulg*.. 7

   Var. *Densa, Denudata, Distans, Latifolia, Stricta,
   Variegata*; Carr. ;....................... »

GROUPE 2ᵉ. — **Eutacta** (*Endl.*, *Gord.*)
   Syn. **Eutassa** (*Salisb.*)................ 19

Araucaria Colonne ou de Cook (A. Cookii, *Endl.*
        Don. Gord., etc.)....................... 21
   Syn. Eutacta Cookii, *Carr.*
   Var. *Gracilis, Ovalifolia, Viridis,*: Carr.

Araucaria de Cunningham, *Endl.*, *Gord.*, *etc.*
   Syn. Altingia Cunninghami, *Don.*
        Eutacta   id.   *Link.*
        Eutassa   id.   *Spach*............. 23
   Var. *Glauca, Longifolia, Pendula, Taxifolia,* :
   Carr. .... »

Araucaria Géant (A. Excelsa, *Loud.*, *Carr.*, *etc.*)
   Syn. Altingia Excelsa, *Loud.*
        Colymbea   id.   *Spreng.*
        Dombeya   id.   *Lamb.*
        Eutacta   id.   *Carr.*
        Eutassa Heterophylla, *Salisb.*
        Pin de l'île de Norfolk (the Norfolk Island
        Pine, *Gord*)...................... 19
   Var. *Glauca, Monstrosa, Variegata*, Carr. ;....... »

Araucaria de John Rule (Ar. Rulei, *Gord.*)
   Syn. Eutacta Rulei, *Carr*...................... »

Pages

GENRE IIe — **Dammara**...................... 25

Syn. **Agathis**, *Salisb.*,
Dammar, *(Malaisie).*

Dammara d'Australie (D. Australis, *Endl. Lodl.*
Gord, *etc.*)
Syn. Agathis d'Australie, *Salisb.*
Pin de Cowrie ou de Kauri, *(Nouv. Zél.*
Podocarpe à feuilles de Zamia, *Richard*.. 28

Dammara d'Orient. (D. Orientalis, *Endl., etc.*)
Syn. Agathis Dammara, *Rich.*
Agathis Loranthifolia, *Salisb.*
Arbre à poix d'Amboyne (the Ambroya
Pine, *Gord.*).
Dammara Alba, *Rumph.*
Dammar-Puti, Dammar-Batu, *Malais.*
Pin, Sapin de Sumatra, *Hort*............ 26

Dammara Brownii. *Hort*...................... »
Moori *Lindley*.......................... »
Obtusa, etc. *Carr*....................... »

GENRE IIIe — **Cunninghamia**
Syn. **Raxopitys**, *Senilis.*

Cunninghamia de la Chine. (C. Sinensis, *Robert Brow,*
And. Murray, Gord., Carr., etc.).
Syn. Abies Lanceolata, *Hort.*
Araucaria Lanceolata, *Hort.*

Belis Jaculifolia, *Salisb.*
Belis Lanceolata, *Sweet.*
Cunninghamia Lanceolata, *Hort.*
Pinus Lanceolata, *Lamb.*
Sapin des îles Liu-Kiu (*Japon.*)
Sapin des Bataves.
Raxopitys Cunninghamii, *Senilis.*
Ko-jo-san, Liubi, Liu-kiu-Momi, Olanda-Me
mi, San-Shu, (*Japon.*).................. 32

GENRE IVe — **Skiadopitys**.................... 34

Skiadopitys Verticillé, *And. Murr.. Endl., Gord*
Senil. etc..................... 35

GENRE V^e — **Arthrotaxis** 39

TABLE 273

Pages

Arthrotaxis-Cyprès (Ar, Cupressoïdes, *Don.*, *Carr. etc.*)
Syn. Imbriqué, *Hort.*
Cunninghamia Cupressoides *Zucc* 40

Arthrotaxis à Feuilles lâches, (Arth. Laxifolia, *Endl.*,
Gord. etc.) 40

Arthrotaxis Selagine (Ar. Selaginoïdes, *Don.*, *Endl.*
Carr. etc. 40

Arthrotaxis Gunneana, *Carr* 40

Microcachrys Tetragona, *Carr* .... *ad notam.*

GENRE VIᵉ. — Séquoïa.
Syn. **Gigantabies**, *Senilis* 42

Séquoïa à Feuilles d'If (Taxifolia).
Syn. Gigantabies Taxifolia, *Senilis.*
Schubertia Sempervirens, *Spach.*
Sequoïa Sempervirens, *Endl.*, *Carr.*
Taxodium Giganteum, *Hort,*
Taxodium Sempervirens, *Hooker.*
Taxodium Nutkaense, *Lamb* 46
Var. Adpressa, Gracilis, Taxifolia, Carr .... »

Séquoïa Gigantesque (S. Gigantea, *Endl.*),
Syn. à Feuilles de Cyprès, (Cupressifolia.)
Arbre Mammouth, (*Amériq.*)
Gigantabies de Wellington, (G. Wellingto-
niana, *Senil.*)
Washingtonia Gigantea, (*Amériq.*)
Wellingtonia Gigantea, *Gord. Carr* ....
Var. Aureo-Compacta, Glauca, Variegata, Carr... »

ORDRE IIIᵉ. — Les Cupressinées 69

SECTION PREMIÈRE Taxodinées 73

GENRE Iᵉʳ — **Taxodium** 74
Syn. **Cupresspinnate**, *Senil.*

Taxodium Cyprès-Chauve.
(T. Cupressus Decidua.)
Cyprès-distique.
(T. Cupressus Disticha.)
Distique (T. Distichum *Endl.*, *Loud. Carr. etc.*)
Cupresspinnate Distique, *Senilis.*

18

Pages

Taxodium Cyprès Américain, Blanc (White Cypress),
de la Louisiane, Noir (Black C.), de Virginie.
Schubertia Distique, *Spach*.............. 75
Var. Fastigiée ou Pyramidale-Panachée........ 84
Intermédiaire (Var. Intermédia, *Carr.*)
Nutans *ou* Pendula, Patens.............. 83
Microphylle, *Montante (Ascendens) etc. etc.*
Carr. .... »

Taxodium de Montézuma (*Decaisne*)
de Hugel, *Gord.*
du Mexique, *Carr.*
Mucroné, *Hort.*
Penné (Pinnatum, *Hort.*)
Vert (Virens, *Knight.*)
Cupresspinnate du Mexique, *Senilis.*
Cyprès de Montezuma (the Montezuma
Cypress, *Gord.*) .... »

Feuilles persistantes

GENRE IIe. — **Glyptostrobe**.................. 84

Glyptostrobe Hétérophylle, *Endl.*, *Gord.*,
Car.
Syn. Cupresspinnate Hétérophylle, *Senilis.*
Cyprès de la Chine (C. Sinensis, *Hort.*)
Cyprès porte-noix (C. Nucifera, *Hort.*)
Genevrier aquatique, *Roxburgh.*
Glyptostrobus pendula, *vel* Sinensis, *Endl.*
Schubertia Japonica, *Spach.*
Schubertia Nucifera, *Denhardt.*
Taxodium du Japon, *Denhardt.*
Taxodium Sinense, *Forb* 85

GENRE IIIe. — **Cryptoméria**.................. 85

Cryptoméria du Japon (C. Japonica *Endl.*, *Gord.*, *Carr.*,
etc.)
Syn. Cèdre du Japon, *Thumberg.*
Cyprès du Japon, *Linnée.*
Taxodium du Japon, *Brongniart*.......... 87
Var. Arocaroïdes, *Dacrydioïdes*, Lobbii, *Macro-
cephala*, Nana, *Pungens* variegata, Viridis,
Carr. 90

H.-M.

SECTION DEUXIÈME. — **Cupressinées proprement dits** 90

TABLE 275

Pages

GENRE UNIQUE. — **Cyprès** lat. **Cupressus**..   91

Les cyprès proprement dits.

Cyprès (*a*) Commun.
    Syn. Dressé (stricta, *Miller*).
        Fastigié, *Endl.*, *Gord.*, *Math.*, etc.
        Femelle (Fœmina, *Antiq.*) *Math.*
        Ordinaire, *Loiseleur.*
        Pyramidal, *Math.*
        Toujours vert (Sempervirens, *Loisel.*) *Math.*
        De Tournefort, *Audib*...................   93
    Var. (*b*) Horizontal, *Endl.*, *Carr.*, etc.
        Etalé (Expansa, Patula, *Hort.*)
        Mâle, *Antiq.*
        D'Orient, *Gord*.....................   90

Cyprès Funèbre, *Endl.*, *Carr.*, etc.
    Syn. Pendant (pendula, *Loud.*)
        Weeping-Thuya, *Staunton*, ex *Carr*........   97
    Var. Gracilis, Carr................   »

Cyprès Gracieux de Californie (C. Californica Gra-
        cilis).
    Syn. Aromatique, *Hort.*, *Gord.*
        Déprimé (Attenuata, *Senil.*)
        Glanduleux, *Senil.*, *Gord.*, etc.
        de Goven, *Senil.*
        de Kew, *Senil.*, *Gord.*, etc.
        de Mac-Nab, *Senil.*
        Nain, *Senil.*...................   103
    Var. Goweniana, *Cornuta*, *Glauca*, *Huberiana*,
        Viridis, Carr...................   »

Cyprès de Lambert, *Carr.*
    Syn. à Gros-fruits (Macrocarpa, *Gord.*)........   102
    Var. Lambertiana : Depressa, *Flagelliformis*, *Vio-*
        lacea, Carr..................

Cyprès du Népaul, *Loud.*
    Syn. de Caschmyr, *Hort.*
        De Drummond, *Hort.*
        De l'Himalaya, *Hort.*
        De Smith, *Hort.*
        Toruleux, *Loud.*, *Gord.*, etc...............   99
    Var. Majestica, *De Mortiliers*, *Knight*, etc.
        Viridis, *De Mort.*, *Knight*, etc...............   100
        Corneyana vel *Gracilis Microcarpa Junipe-*
        roïdes, *Nana*, *Tournefortii*, Carr...........   »

Cyprès de Portugal (Lusitanica, *Carr.*)
    Syn. de Chine (Sinensis, *Lée*, *Gord.*)
        Glauque, *Endl.*, *Gord.*, etc.

Pages

Cyprès Pendant, *Hort.*
    Porte-encens.
Cèdre de Bussaco, Genevrier de Goa............   100
  Var. Tristis.....................................   102
    Benthami, Cærulea, Lindleyi, Uhdeana, Carr.   »

      Les Cyprès Chamæcyparis.

Cyprès de Lawson, *Gord., Senil.,* etc.
  Syn. Chamæcyparis de Boursier,*Decaisne, Carr.*   108
  Var. Argentea, Aurea, Nana, Carr ....   »
Cyprès de Nootka ou Nutka, *Lamb., Hook,* etc.
  Syn. Chamæcyparis de Nootka ou de Nutka,
     Endl., Gord., etc., *Carr.* 2°.
    Cyprès d'Amérique, *Trautw.*
    d°   de Tschugatskoy.
    Thuya élevé (excelsa), *Bong.*
    Thuya de Tschugatskoy, *Hort.*
    Thuyopsis Boreal, *Carr.* 1°.
      d°   Cupressoïde, *Carr.* (*Man., gen.*
    Plant.)
      d°   de Tschugatskoy, *Hort*.........   109
  Var. *Variegata,* Carr.......................   »

Cyprès Thuyoïde ou Faux-Thuya.
  Syn. Thyoïde, *Loisel., Mich., Loud.,* etc.
    Chamæcyparis sphéroïde. *Lindl., Gord.*
    Carr., etc.
    Thuya sphéroïdal, *Rich.*
    Cèdre blanc (White Cedar), Arbre-de-Vie
    (*Amériq.*).............................   101
  Var. *Chamæcyparis sphæroïdea, Andelevensis* ou
    des Andlys (Retinispora squarrosa Lepto-
    clada, *de Gord.*), *Atrovirens, Glauca* (Ke-
    wensis, pendula), *Nana, Pygmæa vel pen-
    dula, Pyramidata, Variegata,* Carr.........   »

    Les Chamæcyparis Rétinispores ou Cyprès
        du Japon.

...Cyp. Cham. Retinispore à Feuilles de bruyère
    (Ericoïdes.)
  Syn. Retinispore squarreux,*Sieb. et Zucc.,* Gord.,
    Carr.
    Chamæcyparis squarreux,*Endl., Lindl.,*etc.
    Cyprès squarreux, Ericoïde, *Hort*.........   114
    Widdringtonia Ericoïde, *Knight and Perry.*
  C. C. Rétinispore à Feuilles de Lycopode,   ord.   114

TABLE   277
                                        Pages

C. C. Retinispore Obtus, *Sieb. et Zucc., Gord.*
Syn. Chamæcyparis Obtus. *Endl., Carr.*
    Hinoki ou Fu-si-no-ki. *(Japon.)* 111
  Var. Argentea, Nana, Aurea, Pygmæa. Carr.... »

C. C. Retinispore Porte-pois (R. Pisifera),
    Sieb. et Zucc.
Syn Sawara *(Jap.)* 113
C. C. Retinispore squarreux *Senilis* 114

SECTION TROISIÈME. — Thuyopsidées 115

GENRE Ier. — Thuya 117

Thuya Biota ou de la Chine (T. Biota Sinensis).
  Syn. Biota d'Orient, *Endl., Gord., Carr.*
    Cyprès Thuya, *Targioni-Tozzetti ex Carr.*;
    Platyclade à rameaux dressés (Platycladus
    Stricta *Spach*).
    Thuya aigu (T. Acuta, *Mœnch.*)
    Tuya d'Orient, *Loisel, Loud., etc.*
    Thuya plat, *Hort.*
    Arbre de vie *(Amériq.)* 118
  Var. Biota nain doré (Nana aurea, *Hort.*)..... 121
    Boita de l'Himalaya, du Népaul, de Tartarie
    ou de Tatarie (Faux Cyprès, Thuya Cupres-
    soïde, T. Pyramidal), *Carr* 121-122
    Cyprès Filiforme ou Thuya pleureur, *Carr.* 121
    Dumosa, Glauca, Intermedia, etc., Carr.... »

Thuya Gigantesque (T. Gigantea, *Endl., Gord.,*
    Carr., etc.,
  Syn. Craigiana, *Jeffreys.*
    De Nuttal, *Dougl.*
    Plicata, *Lamb.*
    Libocèdre Décurrent. *Torr.*, Craigiana, *Laws.,*
    Gigantea, *ibid* 124
  Var. Glauca ou Craigiana, *Vilm., Van Geert* 128
    Magnifica (Novas pecies Oregonennis) *Blond.-*
    Dej 127
    Columnaris, Carr. .... »

Thuya de Menzies, *Dougl.* ou de Lobb, *Hort.*
  Syn. de Californie, *Hort.*
    Gigantesque de Lobb, *Van Geert.*
    Plissé (Plicata, *Lamb., Loud., etc.*)...... .. 129

Thuya Occidental ou du Canada, *Linn., Carr., etc.*
  Syn. Obtus, *Hort.*
    Plissé (Plicata), *Loud.*

Pages

Thuya de Sibérie, *Hort.*
 de Théophraste, *Bauhin ex Carr.*
Cèdre Blanc, C. de Lycie.
Cyprès Arbre-de-vie. *Targ.-Tozz. ex Gord* 122
Var. Wareana, Robusta, *Carr.* 124
 Argentea, Nana, Variegata, etc., Carr. ...... »

GENRE IIme. — **Thuyopsis** 130

Thuyopsis en Doloire (T. Dolabrata , *Sieb. et Zucc.,
 Endl., Carr., etc.*)
 Syn. Arbre-de-vie à larges feuilles, *Vulg.*
  Libocèdre, Platyclade, Thuya en doloire,
  Senil., Hort.
  Asufi, Asunaro, Hibu, *Jap.*
  Ra-Kan-Hac, Gan-si-Hac, *Chin.* 131
 Var. Nezu, *Jap.*, ou Nana, *Endl., Gord.* 132
  Lætc-virens, Lindl., Carr. .... »

GENRE IIIme. — **Fitz-Roya.**

 Syn. **Cupresstelle**, *Senil.* 133

Fitz-Roya (*Carr., etc.*) ou Cupresstelle (*Senil*). de Patagonie 134

SECTION QUATRIÈME. — Actinostrobées 139

GENRE Ier. — **Libocèdre** 137

Libocèdre du Chili, *Endl., Gord., Carr., etc.*
 Syn. Arbre-de-vie du Chili, *Vulg.*
  Cyprès du Chili, *Gillies.*
  Thuya : Andina , *Pœpp.*, du Chili, *Don.,
  Loud.*, Cunéiforme (Cuneata, *Domb.*) 139
 Var. Viridis, *Carr.* ou Excelsa, *Gord.* 140

Libocèdre de Don (Libocedrus Doniana, *Endl., Gord.,
 Carr., etc.*).
 Syn. Dacrydium Velouté (Plumosum, *Don.*).
  Thuya de Don, *Hooker* ;
  Kawa-Ha, Kawa-Ka, Moco-Pico, Yate (*Nouv.
  Zél.*) 140

Libocèdre Tétragone, *Endl., Gord., Carr.*
 Syn. Alerze, *King* 142

TABLE 279

Libocèdre Genevrier Uvifère, *Don ex Gord.*
    Pin Cupressoïde, *Molin.*
    Thuya Tétragone, *Hooker* 142

GENRE IIme. — **Callitris** 143

Callitris Quadrivalve, *Endl.*, *Gord.*, *Carr.*, *etc.*
    Syn. Cyprès articulé, *Forb.*
    Frénèle de Desfontaines (F. Fontanesii, *Mirb.*).
    Thuya Articulé, *Loisel. Desf.*, etc.
    Thuya Inégal, (T. Inæqualis, *Desf.*) 144

GENRE IIIme. — **Actinostrobe**.

Actinostrobe Pyramidal, *Endl.*, *Gord.*, *Carr.*, *etc* 148

GENRE IVme. — **Widdringtonia** 149
    Syn. **Pachylepis**, *Brongniart.*

Widdringtonia de Commerson, *Endl.*, *Carr.*
    Syn. Thuya Quadrangulaire, *Loisel* 151
Widdringtonia Cupressoïde, *Endl.*, *Carr.*, *etc* 151
Widdringtonia Junipéroïde, *Endl.*, *Carr.*, *etc.* 150
Widdringtonia Natalensis, *Endl.*, *Gord.*, *Carr* 151
Widdringtonia de Wallich, *Endl.*, *Gord.*, *Carr.* ....\....... 151

GENRE Vme. — **Frénècle** 152

Frenela Australis, *Endl.*, *Gord.*, *Carr* .... »
   — Fruticosa, *Endl.*, *Gord.*, *Carr.* .... »
   — Gunii, *Endl.*, *Gord.*, *Carr.* .... »
   — Hugelii, *Hort.*, *Carr* .... »
   — Pyramidalis, *Hort.*, *Gord.*, *Carr* .... »
   — Rhumboïdea, *Endl.*, *Gord.*, *Carr* .... »
   — Robusta, *Endl.*, *Gord.*, *Carr.* .... »
   — Roei, *Endl.*, *Carr.* .... »
   — Triquetræ, *Carr.* .... »
   — Variabilis, *Carr.* .... »
   — Verrucosa, *Endl.*, *Gord.*, *Carr.*, *etc.* .... »

Pages

SECTION CINQUIÈME. — Junipérinées........ 153

GENRE UNIQUE.— Genevrier, lat. **Juniperus**. 156

GROUPE 1er. — Genevriers Oxycèdres.................... 156
(Feuilles circulaires, fruits lisses.)

Genevrier Cade ou Oxycèdre, *Endl.*, *Gord.*, *Carr.*, *etc.*
Syn. de Montpellier, *Lobel.*
de Withmann, *Hort*...................... 161
Var. Cèdre (Junip. Cedrus *ou* Cedro *ou* des Ca-
naries, *Gord.*, *Knigth.*).................... 163
Echiniforme, *Knight and Perry* ou En-Hé-
risson.................... 163
Hémisphérique, *Endl.*, *Gord.*, *etc.*.......... 163
Genevrier Caryocèdre.
Syn. Drupacé ou à Drupes, *Endl.*, *Loud.*, *Gord.*
à Larges feuilles (Latifolia, *Tournef.*).
Majeur, *Hort*.............................. 164
Genevrier Commun, *Loisel.*, *Endl.*, *Math.*, *Gord.*,
Carr., *etc.*
Syn. Mineur, *Fuchs.*
Vulgaire, *Tournef.*, *Loud.*, *etc.*............. 157
Var. à Branches étalées (Reflexa, *Hort.*).
Oblongue, *Loud*, à fruits de Thuya (Thuyæ-
carpos)........................ 160
Comprimée (Compressa, *Carr.*)............ 160
d'Irlande (Hibernica, *Loud.*, *Gord.*).
Dressée (Stricta, *Hort.*)................. 160
Naine (Nana, *Loud.*) des Alpes, *Roy*, ou de
Montagne, *Bauh.*)...................... 160
à Rameaux Pendants (Pendula, *Carr.*)..... 160
Roussâtre (Rufescens, *Endl.*, *Gord.*)........ 161
de Suède (Suecica, *Loud.*)................ 160
Genevrier à Gros fruits (Macrocarpa, *Loud.*, *Gord.*,
Carr.).
Syn. Allongé (Oblongata *Gussone ex Carr.*).
de Biassoletti, *Link.*
Elliptique, *Hort.*.
de Fortune, *Hort*................... 165

Genevrier du Canada, *Lodd.* ou Déprimé (Depressa)
Pursh ex Gord................... »
Genevrier à Feuilles Raides (Rigida, *Endl.*, *Carr.*).... »
Var. à Feuilles d'if (Taxifolia, *Endl.*, *Gord.*, *Carr.*). »

TABLE   281

Pages

GROUPE 2ᶜ. — Genevriers Sabines................... 176
(Feuilles d'abord aciculaires puis lâchement imbriquées).

Genevrier des Bermudes (J, Bermudiana, *Endl.*, *Loud.*,
       Gord., *etc.*)
    Syn. Cèdre des Bermudes, Vulg.............. 176
    Var. Webbiana 177

Genevrier (Grand-) [Juniperus Excelsa, *Endl.*, *Loud.*,
      Gord., *Carr.*, *etc.*]
    Syn. Fétide, *Endl.*. *Spach.*
       d'Orient, *Tournef.*;
       Squarruleux, *Spach.*;
       de Tauride, *Pallas*;..................... 177

Genevrier Recourbé (J. Recurva, *Gord.*, *Carr.*, vel
      Incurva);
      Cambré (Repanda, *Hort.*);
      du Népaul (Nepalensis, *Gord.*);
      Vieillissant (Cansecens, *Gord.*)........... 169

Genevrier Sabine commune (J. Sabina Vulgaris, *Endl.*)
    Syn. Sabine Arborescente, *Hort.*, Cupressifoliée,
      Loud.;
        Dressée (Stricta, *Hort.*);
        Fétide, *Spach.*, *Hort.*, Multicaule.
      d'Hudson, *Forbes*;
      de Lusitanie, *Miller*;
      de Lycie *Pallas*;..................... 167
    Var. Humilis. *Endl.*, Horizontalis, Nana, *Carr.*,
      vel Prostrata, *Torrey*................... 168
      Tamariscifolia, *Loud.*, *Carr.*, *vel* Fœmina,
      vel Mascula, *Hort.*..................... 168
      Variegata (Panachée), *Gord.*, *Carr.*....... 169

Genevrier Touffu (Densa, *Gord.*)................... 171

Genevrier de Virginie ou de la Caroline (J. Virgiana,
      Loud., *Endl.*, *Gord.*, *etc.*, *etc.* Caroliniana,
      Du Roi);
    Syn. des Barbades, *Mich.*;
      Majeur d'Amérique, *Parkinson*;
      Cèdre Rouge (Red Cedar, *Amériq.*);
      Cèdre de Virginie, *Hort.*............. 172
    Var. Dumosa (Buissonneuse), Cinerescens (Cen-
      drée), Glauca, *Carr.*...................... 175
      Humilis (Humble ou Naine), *Carr.*......... 176
      Variegata Argentea (Panachée d'argent,
      Van Geert) 175
      Variegata Aurea (Panachée d'or) *Carr.* 1° 175
      Pyramidalis, Carr. 2°................... »

Pages

Genevrier Allongé (Procera, *Endl.*, *Carr.*);
   Syn. Zeheddi, Theda (*Abyssinie*)............... »

Genevrier Couché (Prostata, *Loud.*, *Carr.*)........... »

Genevrier Flasque (Flaccida, *Loud.*, *Carr*)......... »

Genevrier du Japon, *Gord.*, *Carr.*.................... »

Genevrier du Mexique, *Endl.*, *Gord.*, *Carr.*.......... »

Genevrier Porte-Encens (Thurifera, *Loud.*, *Hort.*,
   Oophora, *Endl*...................... »

Genevrier Sacré (Religiosa, *Royle*) (*Himalaya*)........ »

Genevrier Squameux ou Ecailleux (Squamata, *Endl.*,
   Gord., *Carr*, *etc.*) .... »
Etc.

GROUPE 3e. — **Genevriers cupressoïdes**.......... 179
(Feuilles d'abord aciculaires, puis étroitement imbriquées ; fruits anguleux).

Genevrier de la Chine (Sinensis, *Endl.*, *Loud.*, *Carr.*
   Syn. Dimorphe, *Carr.*, ou à deux formes....... 184
    (*a*.) Mâle (Mascula, *Gord.*, *Van Geert*) ;
   Syn. de Thumberg ;
     en Autruche (Struhtiaca, *Hort.*)......... 185
    (*b*.) Femelle (Fœmina, *Gord.*, *Carr.*)
   Syn. de Corney (Corneyana. *Gord.*, *Knight*).
    Flagelliforme, *Loud.* ;
    Grêle (Gracilis, *Endl.*);
    Incliné (Cernua Roxb.)..............,....... 186

Genevrier Géant (J. Gigantea, *Roezl*, *Blondeau-De-*
   jussieu...................................... 187

Genevrier de Phœnicie, *Endl.*, *Gord,*, *Math.*;
   Syn. Dioscoride ;
    à Fruits durs (Sclerocarpa *Endl.*)......... 179
   Var. Davurica, *Pallas*..................... 184
    Fausse Sabine (Psaudo-Sabina *Fisch*)..... 183
    Filicaule, *Carr.*;
    de Lycie ou à Fruits mous (Melacocarpa,
    Endl) 183
    Queue de rat (Myosuros *Hort.*)........... 184

Genevrier à Baies Sphériques (J. Spherica, *Gord*)... »

TABLE 283

Pages

Genevrier d'Occident, *Gord.*;
 Syn. Blanc (Alba, *Knight*, Dealbata, *Loud.*)
  de Californie, *Gord.*;
  d'Hermann, *Persoon, ex Carr.*
  Odorant (Fragrans, *Knight*)...............   »
Genevrier Tétragone *Endl.*, *Gord.*, *Knight*, etc......   »

ORDRE IVᵉ. — Les Taxacées

ORDRE IVᵉ. — Les Taxacées...............   189

SECTION PREMIÈRE. — Taxinées...........   193

GENRE Iᵉʳ. — If, lat. Taxus...................   189

If Commun ou à Baies (Taxus Baccata Vulgaris, *Endl*).   197
 Var. If Commun Argenté, *Loud*.................   203
  à Branches recourbées (Recurvata. *Gord.*).   203
  de Dovaston ou à Branches pendantes
  (Dovastonii, *Gord.*, Pendula, *Hort.*)......   203
  à Fruit jaune (Fructu Luteo, *Loud.*).......   203
  d'Irlande ou Fastigié (Hyberinca *Hort. et
  div.* Fastigiata, *Loud.*)..................   205
  Nain, *Gord*.......................   203
  Panaché (Variegata, *Loud.*)...............   203
  Pyramidal, *Carr*.......................   203
  à Rameaux dressés (Erecta, *Loud.*).......   203
  à Rameaux pressés (Adpressa, *Gord*)......   203
  Etc.

If du Canada (T. Canadensis, *Loud*),
 Syn. Mineur, Procumbant, *Loud*..........   »

If à Feuilles Piquantes (T. Cuspidata *Endl*).   »

If de Lindley, *Gord.*
 Syn. de Boursier, *Carr.*, d'Amérique, *Gord.*   »

If du Mexique (T. Baccata Mexicana, *Hartweg*
 Syn. Sphérique (Globosa, *Endl.*, *Gord*);....   »

If de Wallich, *Endl.*, *Gord.*, *Carr*.........   »

Pages

GENRE IIe. — **Torreya**.......................... 204
    Syn. **Fœtataxe,** *Senilis.*

Torreya à Feuilles d'if, (T. Taxifolia, *Loud.,*
    Gord., etc.);
    Syn. de Montagne (Montana, *Hort.*);
      Fœtataxus Montana, *Senil*;
      Taxus Montana, *Nuttal*.................. 206

Torreya Muscadier, (T. Myristica, *Gord.*);
    Syn. Fœtataxus Myristica, *Senil*........... 208

Torreya Porte-noix, (T. Nucifera, *Endl., Gord., etc*;
    Syn. Cariotaxe, *Zucc.*, Fœtataxe,*Senil*,Podocarpe;
    Hort. Porte-noix (Nucifera, *Sieb. et Zucc.*). 205

GENRE IIIe. — **Céphalotaxe**.................... 209

Céphalotaxe Drupacé, *Endl., Gord., Carr.*;
    Syn. Coriace, *Knight and Perry*;
      de Fortune Femelle (Fortunei Fœmina,*Hort.*);
      Podocarpe Drupracé, *Hort*.............. 210

Céphalotaxe de Fortune, *Gord.*;
    Syn. de Fortune Mâle (Mas, *Hort.*);
      Filiforme, *Gord.*;
      Pendant (Pendula, *Hort.*).............. 212

Céphalotaxe Pédonculé, *Endl., Gord., etc.*;
    Syn. Ombraculifère, *Senil*;
      If de Hárringhton, *Loud.*
      Torreya Grandis, *Senil.*
      Inu-Kaja, *Jap*...................... 211

GENRE IVe. — **Salisburia**.................... 214
    Syn. **Ptérophylle** *Senilis*.................

Salisburia à Feuilles de Capillaire (Adiantifolia
    Endl., Loud., Gord., etc.);
    Syn. Arbre à Noix, *Vulg.*
      Arbre aux 40 écus, *Vulg.*
      Gink-Go à deux Lobes (Biloba), *Chine.,*
      Carr., etc.
      Ptérophylle de Salisbury, *Senilis*........ 216

Var. Laciniée (Laciniata, *Hort.*) ou à Grandes
    feuilles (Macrophylla).................... 220
    Panachée (Variegata, *Gord*).............. 220
    à Rameaux Pendants (Pendula, *Van Gart.*). 220

TABLE   285

Pages

GENRE V^e. — **Phylloclade**...................... 220
··· Syn. **Ptérophylle**, *Senilis*................. ..

Phyllocladus Alpina, *Gord.*, *Carr*.............. »

Phyllocladus Glauca, *Carr*...................... »
Syn. Cunninghami, *Hort ex Carr.*
Phyllocladus Hypophylla, *Gord.,Carr*............ »

Phyllocladus Rhumbodïalis, *Gord.*, *Carr.*
··· Syn. Asplenifolia, *Loud.*
Billardieri, *Mirb ex Carr.*
Serratifolia, *Gord*.................... »

···Phyllocladus Trichomanoïdes, *Endl.*, *Gord.*, *Carr.* »

SECTION DEUXIÈME. — **Podocarpées**......... 221

GENRE Ier. — **Podocarpus**...................... 223

GROUPE Ier. — **Eupodocarpus** 224

Podocarpe Alpina, *Rob. Brown*.................. 230

Podocarpe Amara, *Endl.*, *Gord.,Carr*............. 228

Podocarpe Antarctique, *Gord.*, ou Curvifolié, *Carr* ... 230

Podocarpe de Bidwell, *Gord.*.................... 230

Podocarpe à Bractées, *Endl.*, *Gord.*, *Carr*......... 228
Var. Brevipes, *Blume ex Gord*............... 228

Podocarpe du Chili (Chilina, *Endl.*, *Gord.*, *Carr.*)..... 231

Podocarpe de Corée (Koreiana, *Sieb.*).............. 227

Podocarpe Coriace, *Endl.*, *Gord.*, *Carr*..... 232

Podocarpe Discolore, *Gord.,Carr*... 229

Podocarpe Elata, *Endl.*, *Gord.*, *Carr*.............. 230

Podocarpe d'Endlicher, *Carr.*. 228

Podocarpe Ensifolié, *Endl.*, *Gord.*, *Carr*.............. 230

Podocarpe de Lambert, *Endl.*, *Gord.*, *Carr*.......... 232

Podocarpe Læta,   *idem* 230

Podocarpe de Lawrence, *Gord*................... 230

Podocarpe Leptostachya, *Gord*.................... 229

                                                                    Pages
Podocarpe Macrophylle, *Endl., Gord., Carr*........... 225
    Syn. de Chine (Chinensis, *Wallich*.)............ 226
      à Grandes feuilles (Macrophylla, *Don.*).... 225
      du Japon, *Sieb*............................. 225
      Maki, Makoya, *Jap*....................... 225

Podocarpe de Meyer, *Endl.*, allongé (Elongata. *Gord.,*
      Carr.).................................... 230

Podocarpe Neglecta, *Gord., Carr*.................... 228

Podocarpe Néréifolié, *Hort*....................... 228

Podocarpe Nivalis, *Endl., Gord., Carr*............ 228

Podocarpe Nubigæna, *Gord.*, ou Pino (*Chili*)......... 231
    Syn. Prumnopitys Elegans, *Sénéclauze*.........

Podocarpe Polistachia, *Gord.*, ou Wax-Dammar (*Java*) 228

Podocarpe de Purdie, *Endl., Gord., Carr*............ 232

Podocarpe de Rumphius, *Gord., Carr*............... 229

Podocarpe Rigida, *Carr*.......................... 232

Podocarpe de Sellow, *Endl., Gord., Carr*........... 232

Podocarpe Spinulosa,   *idem* 230

Podocarpe Thevetiæfolia, *Gord., Carr*............. 292

Podocarpe de Thumberg, *Endl., Carr*.............. 230

Podocarpe Totarra, *Endl., Gord., Carr*............ 229

GROUPE 2e. — Stachycarpus.................... 224

Podocarpe des Andes, Andina, *Endl., Gord., Carr.* ... 231

Podocarpe Epineux (Spicata *Endl., Knight, Carr.*) .. 229

Podocarpe Falqué (Falcata, *Rob. brown*)............. 230

Podocarpe Ferrugineux, *Endl., Gord., Carr* 229

Podocarpe à Feuilles d'if (Taxifolia)   *idem*.......... 232

GROUPE 3c. — Dacrycarpus.................... 224

Podocarpe Cupressiné,   *Endl., Gord., Carr.*
  Syn. de Horsfield, *Knight.*
    Imbriqué (Imbricata, *Blume*).............. 224

TABLE 287

Pages

Podocarpe Dacridoïde, *Endl., Gord., Carr*.
   Syn. Elevé (Excelsa, *Loddiges.*)
      Thuyoïde, *Rob. Brown* 224

GROUPE 4e. — Nageia ou Nagis.................... 225

Podocarpe de Blume, *Endl., Carr* 227
                                       ad notam.

Podocarpe à Feuilles pointues (Cuspidata, *Endl.*)..... 226

Podocarpe à Grandes feuilles (Grandifolia, *Endl*)..... 227
                                       ad notam.

Podocarpe à Larges feuilles (Latifolia. *Endl., Gord.,
   Carr.*)... 227
                                       ad notam.

Podocarpe Nagi (Nageia, *Endl., Gord.*)
   Syn. Cyprès Bambou (Cupressus Bambusaca, *Oto-
      lanzan ex Gord.*) ....
      Laurier du Japon (the Jàpon Laurel, *Gord.*) 226

GENRE IIe. — Dacrydium 233

Dacrydium de Colenso, *Endl., Gord. Carr*.......... 234
                                    ad notam.
Dacrydium de Franklin, *idem* 235

Dacrydium Cupressinum *Endl., Gord., Carr*.......... »
Dacrydium Elatum *idem* .... »

GENRE IIIe. — Saxo-Gothæa.................... 235
   Syn. **Squamataxc,** *Senilis*.

Pages

Saxo-Gothæa Remarquable (Conspicua, *Gord.*, *Carr.*).
    Syn. Squamataxe du Prince-Albert (Albertiana)
        Senilis........... 237

ORDRE V. — Gnetacées.

GENRE Ier. — Gnetum. mémoire } T. I. 70.

GENRE IIe. — Ephedra.

FIN DE LA TABLE SYNONYMIQUE.

TABLE ALPHABÉTIQUE

DES MATIÈRES.

—◦◦◦◦—

Le chiffre de gauche de cette table renvoie à la table synonimique qui précède; les chiffres de droite renvoient au tome et au texte. Les noms composés en italiques figurent seulement à la table synonymique.

———————

256	Abies. . . I. 66, 71, 73,	75
257	— Amabilis. . . I,	103
257	— *Amabilis Magnifica.*	
256	— Balsamea, I, . .	98
256	— Balsamifera, I. .	98
256	— Candicans, I. .	88
257	*Abies Carpathica.*	
256	— *Cephaloufca Latifolia.*	
256	*Ab. céphal. Robusta .*	
256	*Ab. Cephal. Rubiginosa.*	
258	*Abie Densa.*	
256	Abies Excelsa, I . . .	125
256	— Firma, I.	106
259	— *Gigantea.*	
257	— Grandis, I. . .	90
257	— Hirtella, I . . .	101
272	— Lanceolata, II. .	32
257	*Abies Lowiana.*	
259	Abies Picea, I.	125

258	Abies Pichta.	
.57	— *Pinsapo Baboriensis.*	
257	— *P. Glauca.*	
257	— *P. Pyramidata.*	
257	— *P. Variegata.*	
257	— Religiosa, I. . .	101
257	— *Religiosa Hirtella* (Carr.).	
257	— *R. Tlapalcaluda.*	
258	— *Sibirica Alba.*	
258	— Spectabilis, I. .	106
268	— *Spectabilis Affinis.*	
256	— Taxifolia, I. . .	76
256	— Venusta, I. . . .	92
	— Vera, I.	66
256	— Vulgaris, I. . .	76
257	— *Vulgaris Metensis.*	
257	— *Vulgaris Nana,* I.	80

19

257 Abies Vulg. Pendula,
I. 80
257 — Vulg. Prostrata.
256 Abiétinées, I. 65, 66, 71, 72
Acieulaires (feuilles), I.
64, 73.
Acotylédones, I. 60, 61.
279 Actinostrobe, I. 69; II.
137, 148, 191.
279 Actinostrobe Pyrami-
dal, II. 148
278 Actinostrobées, I. 68,
II, 70, 136, 149.
Acuminées (feuilles), I. 64
Adnée (graine), II. . . 5
272 Agathis.
272 Agathis Dammara, II. 26
272 — d'Australie II. 28
272 — Loranthifolia,
II. 6
278 Alerze, II. 142
271 Altingia Cunninghami,
II. 23
271 Altingia Excelsa, II. . 19
268 Alviès, I. 280
Angiospermes, I. . . 61
Anthères, II. 3
Aphis liricas, I. . . . 155
259 Araraji.
Araucanie, II. 5
270 Araucaria, II. 1, 4.
271 Araucaria à feuilles
imbriquées, II. . . 7
271 Araucaria-Colonne, II. 21
271 Araucaria-Colonne Gracilis.
271 Araucaria Colonne Ovalifolia.
271 Araucaria-Colonne Vi-
ridis.
271 Araucaria de Bidwell,
II. 18
271 — de Cook, II. 21
271 — de Cunnin-
gham, II. . 23
271 Araucaria de Cunnin-
gham Glauca.
271 Araucaria de Cunnin-
gham Longifolia.
271 Araucaria de Cunnin-
gham Pendula.
271 Araucaria de Cunnin-

gham Taxifolia.
271 Araucaria de John Rule.
271 Araucaria de Ridolfi.
II. 18
271 — Dombeye,
II. . . . 7
271 — du Brésil, II 16
271 — du Chili, II. 7
271 — Excelsa, II. 19
271 Araucaria Excelsa Glauca.
271 Araucaria Excelsa
Monstrosa.
281 Araucaria Excelsa Va-
riegata.
271 Araucaria Géant, II. 19
271 — Imbriqué II. 7
271 Araucaria Imbricata
Densa.
271 Araucaria Imbricata
Denudata.
271 Araucaria Imbricata
Distans.
271 Arauearia Imbricata
Latifolia.
271 Araucaria Imbricata
Stricta.
271 Araucaria Imbricata
Variegata.
272 Araucaria Lanceolata II 32
Araucarias I. 12, 13
270 Araucariées-Cunninghamiées I. . . . 67.
— II. 1, 2
284 Arbre à noix, II. . . 216
272 — à Poix d'Amboy-
ne, II. 26
284 — aux 40 écus, II. 216
— de lumière, I. 231
— de vie, II, 104. 148
— de vie à larges
278 feuilles, II. . . . 131
278 — de vie du Chili II. 139
273 — Mammouth, II. 56
— Mère, I. . . . 111
Arbres Verts, I. 4, 11, 59, 52.
Aroo. II. 169
Arrosements, I. 28, 51
272 Arthrotaxis, I. . . . 17
II, 1, 39 191
273 Arthrotaxis à feuilles
lâches, II. 40

TABLE   291

273 Arthrotaxis Cupressoï- des, II.	40
274 Arthrotaxis-Cyprès II.	40
273 — Gunneana,	
273 — Imbriqué, II.	40
273 — Sélagine, II	40
Astérophylle à cou- ronne, I.	12
278 Asufi, II.	131
278 Asunaro, II.	131
Aubier, I. 127,	229
Auves, I.	285
268 Auvier, I.	280
Axillaires (Bourgeon) I.	126
Baccifères, II, 44.	72
Baies, II.	153
Bandes Alternes, I. 30-33	
Barras, II.	243
Basson, II.	243
Basse tige, I. 27-35	
272 Belis Jaculifolia, II.	32
272 — Lanceolata, II.	32
Belle au bois dormant, I	111
Bière de sapin, I.	137
Binages, I.	47
284 Biloba (Gink-go), I, 64, II.	216
277 Biota d'Orient, II.	118
277 — nain doré, II.	121
Biotas, I. 23, II.	115
Bois gras, II.	246
266 Boom Pine.	
Bourrelet, II.	242
Boutures, I, 28-48	
Bractée, I, 92, ad not.	
Brai gras, II.	245
Brai sec, II.	244
Buttes, I, 27-38	
Buttlar, I, 27-40	
279 Callitris, I, 68, II, 70	
115, 136, 137, 143, 191	
279 Callitris Quadrivalve, II.	144
Calophylles, II.	225
284 Cariotaxe Porte-noix.	
Carpelles, I, 92, ad not.	
262 Cèdre; I, 67, 170, II.	191
262 — Argenté, I.	182
276 — Blanc, II.	104
278 — Blanc, II.	122
276 — Bussaco, II.	100

262 Cèdre d'Afrique, I.	182
262 — de l'Atlas, I.	182
262 — de l'Inde, I.	184
278 — de Lycie, II.	122
262 — Deodara, I.	184
262 — de Phœnicie, I.	174
262 — d'Orient, I.	174
281 — des Bermudes, II	176
281 — de Virginie, II.	172
274 — du Japon, II.	89
262 — du Liban, I.	174
262 — du Lib. à Feuil- les-caduques, I	181
262 — du Lib. à petits- fruits	
262 — du Lib. Condé- labre.	
262 — du Lib. Dénudé.	
262 — — Dressé.	
262 — du Lib. Fusi- forme.	
262 — du Lib. Glau- que, I.	181
262 — du Lib. Nain.	
262 — du Lib. Nain- Pyramidé.	
262 — du Lib. Pen- dant, I.	181
262 — du Thibet, I.	184
262 — Élégant, I.	182
262 — Étalé, I.	174
262 Cèdrélate, I.	174
262 Cèdre Pleureur, I.	184
281 — Rouge, II.	172
262 — Sacré, I.	184
262 Cèdres à feuilles ca- duques, I. 171 ad not.	
262 Cèdres Blancs, II.	106
162 Cedrus, I.	170
262 Cedrus Atlantica.	
262 Cedrus Atlantica Variegata.	
Cedrus Decidua, I, 181 ad not.	
262 Cedrus Glauca.	
262 Cedrus Indica Argentea.	
262 Ced. Ind. Compacta.	
262 — Crassifolia.	
262 — Fastigiata.	
262 — Flava.	
262 — Robusta.	
262 — Tenuifolia.	
262 — Tristis.	

262 *Cedrus Indica Variegata.*
262   —   — *Viridis.*
262 *Cedrus Nivea.*
    Cedrus quæ est in Liba-
       no, I 188
268 Ceimbrot, I 280
268 Cembra, I 280
    Cépées, I 4
284 Céphalotaxe, I, 69, II,
       189, 192, 209.
284 Céphalotaxe Coriace, II 210
284 Céphalotaxe de For-
       tune, II 212
284 Céphalotaxe - de - For-
       tune Femelle, II . . 210
284 Céphalotaxe - de - For-
       tune mâle, II 212
284 Céphalotaxe Drupa-
       cé, II 210
284 Céphalotaxe Filiforme,
       II 212
284 Céphalotaxe Ombra-
       culifère, II 211
284 Céphalotaxe Pédoncu-
       lé II 211
284 Céphalotaxe pendant
       II 212
284 Cephalotaxus pendula
       II 212
284 Cerro de Oyamel I . . 101
276 Chamœcyparis I. 68 II. 104
276 Chamœcyparis de Bour-
       sier II 108
276 Chamœcyparis de Noot-
       ka II 109
275 Chamœparis de Nutka II 189
276 Chamœcyparis Excel-
       sa II 109
277 Chamœcyparis Obtus
       II 111
276 Chamœcyparis (Les)
       Rétinispores II . . . 111
276 Chamœcyparis Sphé-
       roïde II 104
276 *Chamœcyparis Sphæroïdea
       Andeleyensis.*
276   —   — *Atrovirens.*
276   —   — *Glauca.*
276   —   — *Nana.*
276   —   — *Pygmea*
276   —   — *Pendula.*
276   —   — *Pyramidata.*

276 *Cham. Sphoer. Varie-
       gata.*
276 Chamœcyparis Squar-
       reux II 114
    Chassis I 28-48
    Citrus II 147
    Cœur du bois I 229
    Collet de la racine I . 61
    Colophane II . . . 244-245
270 Colymbea II . . . 1, 6, 7.
271 Colymbea Brasiliensis.
       II, ... 16
271 Colymbea Excelsa, II.
271 Colymbée Angustifo-
       liée, II 16
271 Colymbée Imbriquée,
       II 7
271 Colymbée Quadrifarié,
       II 7
    Compartiment réservé
       I, ... 28,48.
    Cônes, I 62
    Conifères, I . . 11, 59, 61, 62
    Conifères; II . . . . 44,72.
    Cotylédon, I 60
    Couches, I 28,48
    Cryptogames, I . . . 60,61
274 Cryptoméria, II 85
274 Cryptomeria du Japon, II 87
274 *Cryptomeria
       Japonica* Araucaroï-
                    des, II . 90
274   —   Dacrydioï-
                    des, II . 90
274   —   Lobbii, II. 90
274   —   *Macroce -
                    phala*, II.
274   —   Nana, II . 90
274   —   *Pungens* II.
274   —   Variegata,
                    II . . . 90
274   —   Viridis, II. 90
    Culture d'agrément I. 27 et
       43.
    Culture des Résineux,
       I 27
272 Cunninghamia, . . I 13, 67
       II, 1, 31.
272 Cunninghamia Cupres-
       soïdes, II 40
272 Cunninghamia de la
       Chine, II 32

TABLE 293

272 Cunninghamia Lan-
    ceolata, II 32
272 Cunninghamia Sinen-
    sis, II 32
    Cupressinées, I . 65, 67, 68
272 Cupressinées, II . . . 69
274 Cupressinées propre-
    ment dits II. 90
273 Cupresspinnate, II . . 74
273 Cupresspinnate Dis -
    tique, II 75
274 *Cupressoinnate du Mexi-*
    que.
274 Cupresspinnate Héte-
    rophylle, II. 84
278 Cuprestelle, II . . . 70,133
275 Cupressus, II. 90
275 Cupressus attenuata,
    II. 103
275 Cupressus Expansa,
    II. 96
275 Cupressus Funebris Gra
    cilis.
275 *Cupressus Goweniana*
    Cornuta.
275 *Cupressus Goweniana*
    Glauca.
275 *Cupressus Goweniana*
    Huberiana.
275 *Cupressus Goweniana*
    Viridis.
275 *Cupressus Lambertiana*
    Depressa.
275 *Cupressus Lambertiana*
    Flagelliformis.
275 *Cupressus Lambertiana*
    Violacea.
275 *Cupressus Lawsoniana*
    Argentea.
276 *Cupressus Lawsoniana*
    Aurea.
276 *Cupressus Lawsoniana*
    Nana.
75 Cupressus Lusitanica
    II. 100
276 *Cupressus Lusitanica*
    Benthami.
276 *Cupressus Lusitanica*
    Cœrulea.
276 *Cupressis Lusitanica*
    Lindleyi.

275 Cupressus Lusitanica
    Tristis, II. 102
276 *Cupressus Lusitanica*
    Uhdeana.
275 *Cupressus Nepalensis*
    Corneyana.
275 *Cupressus Nepalensis*
    Gracilis.
275 *Cupressus Nepalensis*
    Junipreoides.
275 Cupressus Nepalensis
    Majestica, II 100
275 *Cupressus Nepalensis*
    Microcarpa.
275 *Cupressus Nepalensis*
    Nana.
275 *Cupressus Nepalensis*
    Tournefortii.
275 Cupressus Nepalensis
    Viridis. 100
276 Cupressus Nootka Va-
    riegata, II 276
275 Cupressus Sempervi-
    rens, II. 93
275 Cupressus Sinensis, II. 100
275 Cupressus Stricta, II . 93
275 Cyprès, I 12-68
    II . . — 69-91-191
275 Cyprès à gros fruits,
    II. 102
275 Cyprès américain, II . 75
278 — arbre de vie
    (thuya), II 122
275 Cyprès aromatique, II. 103
279 — articulé (cal-
    lit) II. 144
287 Cyprès bambou (Po-
    doc), II 226
274 Cyprès blanc, II . . . 75
276 — d'Amérique, II. 109
274 — de la Loui-
    sianne, II 75
276 Cyprès (Les) Chamœ-
    cyparis, II 104
273 Cyprès chauve, I. 23, II. 75
275 — commun, II. . 93
275 — de Caschmyr II 99
275 — de Chine, II . 100
275 — de Drum -
    mond, II 99
275 Cyprès de Goven, II. 103

275 Cyprès de Kew. II . . 103
274 — de la Chine.
275 Cyprès de Lambert, II. 102
276 — de Lawson, I. 23
II. 108
275 Cyprès de l'Hyma-
laya, II. 99
276 Cyprès de Nootka, II. 109
376 — de Nootka pa-
naché, II. 109
276 Cyprès de Nutka. II . 109
275 — de Portugal. II 100
275 — déprimé , II . 103
— des marais II . 104
275 — de Smith, II . 99
275 — de Tourne -
fort, II 93
276 Cyprès de Tschugats-
koy, II 109
274 — de Virginie, II. 75
273 — distique, II. . 75
275 — d'Orient, II. . 96
275 — dressé, II . . 93
278 — du Chili, II. . 139
274 — du Japon, II . 87
— (Les) du Ja-
pon, II 111
275 Cyprès du Népaul, II. 99
277 — Ericoïde, II. . 114
275 — Étalé, II. . . . 96
275 — étoilé, II . . . 135
279 — Fastigie, II . . 93
276 — Faux-Thuya I. 23
II. 104
275 Cyprès femelle (fœ-
mina, II. 93
277 — Filiforme, II . 121
275 — funèbre, II . . 97
275 — glanduleux, II 103
275 — glauque . . . 100
275 — Gracieux de
Californie, II 103
275 Cyprès horizontal, II. 96
275 Cyprès mâle (mas.)
II. 96
274 — noir, II 75
275 — ordinaire, II. . 92
276 — pendant, II. 97, 100
276 — porte-encens II. 100
274 — porte-noix, II . 85
275 Cyprès (Les) propre-
ment dits, II 93

275 Cyprès pyramidal, II . 93
277 — squarreux. II . 114
Cypress Swamps, II. 75
277 Cyprès Thuya, II. . . 118
276 — Thyoïde, . . . 104
275 — Toruleux, II . 99
275 — toujours - vert
II 93
Dacrycarpes II . . . 192
286 Dacrycarpus, II . . . 224
287 Dacrydium, I, . 70, II. 190
192, 225
287 *Dacrydium Cupressinum*
287 Dacrydium de Colen-
so, II. 224
ad not.
287 *Dacrydium Elatum* . .
287 Dacrydium de Frank-
lin, II. 235
278 Dacrydium Plumosum
II 140
278 Dacrydium velouté, II. 140
Dadoxylons, I 12
272 Dammar, II. 27
272 Dammara, I, 67, II, 1, 25
272 — alba , II . . 26
272 — *Brownii*.
272 — d'Australie,
II. 28
272 — d'Orient, II . 26
272 *Dammara Moori*. . . .
272 — *obtusa*. . . .
272 Dammar-Batu, II . . 26
272 Dammar-Puti, II . . 26
Définitive (coupe) , I . 8
Deva-Dara, I. 186
— Daro, I. 186
Dicotylédones, I . . 58, 61
Dieudonné, I . : . . 186
Dioïques (fleurs). II . . 2
Distiques (feuilles), II. 48
271 Dombeya Excelsa, II. 19
Doublé étage (forêts à)
II 55
Duramen, I 229
Eau de raze , II . . . 244
Eclaircie (coupe d') I 7
Ecobuage, I 30
Embranchements, I. . 59
Embryon, I 60
Ensemensement (coupe
d'), I. 8

TABLE 295

268 Eouve I 280
Eparses (feuilles) I, 74, 146
288 Ephédra, I. 70
Epicéa, I. . 23, 42, 67, 71
124.
Epicéa (gemmage de l') II 247
259 Epicéa commun, I. 74, 125
260 Epicéa commun à ra-
meaux pendants, I. 132
359 Epicéa commun buis-
soneux, I 132
259 Epicéa commun coni-
que ou dressé, I. . . 132
259 Epicéa commun de
Chambrasil. . . . 132
259 Epicéa commun de
Cranston ou dénudé I 132
260 Epicéa commun mons-
trueux, I 132
260 Epicéa commun mu-
crone, I 132
260 Epicéa commun nain, I 132
261 *Epicea d'Alcock.*
261 — *de Californie.*
260 Epicéa de Jézo, I. . . 143
261 *Epicea de Maximowicz*
260 Epicéa de Menzies, I. 143
260 — —
crispé, I 145
269 Epicéa de Menzies
fastigié, I 145
260 Epicéa de Menzies
nain, I. 145
260 Epicéa de Menzies
panaché, I 145
261 *Epicea d'Engelmann.*
260 Épicéa Denticulé, I. . 136
260 — de Sitcha, I. . 143
260 — *de Withmann* .
260 — d'Orient, I. . . 139
260 — *d'Orient Nain.*
259 — Élevé 125
260 — Khutrow, I . . 140
259 — Majeur I. . . 125
261 — *Microsperme*
260 — Morinda, I. . . 140
261 — *Ovoïde.*
261 — *Ovoïde de Schrenk*
260 — Pleureur, I . . 140
260 — Polita, I. . . 140
Épigée (germina-
tion), II 161

Épilogue, II. 251
260 Epinette blanche, I . . 133
260 — noire, I, . . . 136
261 — rouge, I . 161, 162
Espacement, I, . . .27, 41
Eupodocarpes, II. . 191, 192
285 Eupodocarpus II . . . 224
271 Eutacta, II. . . 1, 6, 7, 19
271 Eutacta excelsa, II . . 19
271 Eutacta Cookii, II. . . 21
271 Eutacta Cunninghami, II. 23
271 *Eutacta Rubei.*
271 Eutassa Cunninghami, II. 23
271 Eutassa Hétérophylla, II. 19
Exostoses, II 76
254 Explication des abré-
viations, II 254
Exploitabilité, I. . . . 9
Falquées (feuilles), I. . 91
282 Fausse Sabine, I . . . 183
Faustin-Orélie Ier, II . 4
Faux Cèdre, II. . . . 49
277 Faux Cyprès, II. . 121, 122
261 Faux Mélèze, I. . . . 167
265 *Faux Pin d'Alep.*
Faux Strobes, I. . . . 310
276 Faux Thuya. II. . . . 104
259 Fie, I. 125
259 *Fime Tsuga.*
278 Fitz-Roya, I. 68, II, 70, 133
278 Fitz-Roya de Patagonie,
II 134
Fixation des dunes,
I. 14, 16, 221
256 Fo-bi-sjo, I. 106
284 Fœtataxe, II 204
Forêts contemporaines
I 1
Forêts anté-historiques
I 1
Forêts (Les) et la Syl-
viculture, I 1, 3
Forêt Normale, I . . . 7
279 *Frenela Australis.*
279 — *Fruticosa.*
279 — *Gunii.*
279 — *Hugelii.*
279 — *Pyramidalis.*
279 — *Rhumboïdea.*
279 — *Robusta.*

279 *Frenela Triquetra*.
279 　— *Variabilis*.
279 　— *Verrucosa*.
279 Frénèle, I. 69, II, 70, 137, 152
279 Frénèle de Desfontainés, II 144
259 Fue, I 225
262 Fusi-Matzu (Mélèze), I, 164
Futaies éclaircies, I. 1, 9
Futaies jarinées, I. 2, 5, 6
260 Fu-si-no-ki, II . . . 111, 112
Galipot, II 243
278 Gan-Si-Hac, II . . . 131
Gemmage à mort, II . 243
Gemmage à pin perdu, II, ... 245
Gemmage à vie. II . . 242
Gemmage, II 241
Genevrette, II 159
280 Genévrier, II 153, 156, 191
282 *Genévrier à baies sphériques*.
280 *Genévrier à feuilles raides*.
282 Genévriers à fruits durs, II 179
282 Genévriers à fruits mous, II 183
280 Genévrier à gros fruits II 165
280 Genévrier à larges feuilles, II 164
280 Genévrier allongé, II 165
282 *Genévrier allongé*.
274 Genévrier aquatique, II 85
283 *Genévrier blanc*.
280 Genévrier cade, II . . 161
281 　— combré, II . 169
280 　— caryocèdre, II 164
280 Genévrier cèdre, II . . 163
280 　— commun, II . 157
280 　— — à branches étalées, II . 160
280 Genévrier commun à drupes, II 160
280 Genévrier commun à fruits de Thuya, II . 160
280 Genevrier commun à

rameaux pendants, II . 160
280 Gen. com. comprimé, II 160
280 Gen. com., de Suède, II 160
280 Gen. com., d'Irlande, II 160
280 Gen. com. Dressé. II, 160
280 　— — Nain des Alpes, II 160
280 Genév. com. oblong, II 160
280 Gen. com. roussâtre, II 161
282 *Genévrier couché* .
280 Genévrier de Biassoletti, II 165
283 *Genévrier de Californie*
282 Genévrier de Corney, II 186
280 Genévrier de Fortune, II 165
276 Genévrier de Goa, II 100
281 Genévrier de la Caroline, II 172
282 Genévrier de la Chine, Chinensis, II . . . 184
281 Genévrier de Lusitanie, II 167
281 Genévrier de Lycie, II 167
280 Genévrier de Montpellier, II 161
281 Genévrier des Barbades, II 172
282 Genévrier de Phœnicie, II 179
280 *Genévrier déprimé*.
281 Genévrier des Bermudes, II 176
281 Gen. Berm. Webbiana, II 177
280 Genévrier des Canaries, II 163
281 Genévrier de Tauride, II 177
282 Genévrier de Thumberg, II 185
281 Genévrier de Virginie, II 172

TABLE 297

280 Genévrier de With-mann, II 161
283 *Genévrier d'Hermann.*
284 Genévrier d'Hudson, II. 167
282 — Dimorphe, II 184
282 — Dioscoride, II 179
283 *Genévrier d'Occident* .
281 — d'Orient, II. 177
280 — Drupacé, II. 164
280 — *du Canada.*
282 — *du Japon.*
282 — *du Mexique.*
281 — du Népaul, II 169
282 — *écailleux.*
280 — echiniforme, II. 163
282 Genévrier en autru-che, II 185
280 Genévrier en héris-son, II 163
280 Genévrier elliptique, II. 165
282 Genévrier femelle, II. 186
281 — fétide, II. . 177
282 — filioaule, II. 183
282 — flagelliforme II 186
282 *Genévrier flasque.*
282 Genévrier géant, II. . 187
282 — grêle, II . . 186
280 — hémisphéri-que, II 163
282 Genévrier incline, II. 186
282 — mâle, II . . 185
280 — majeur, II . 164
281 — — d'A-mérique, II. 172
280 Genévrier mineur, II . 157
283 *Genévrier odorant.*
280 Genévrier oxycèdre, II 161
282 *Genévrier Porte-Encens*
282 Genévrier queue-de-rat, II 184
280 *Genévrier raide à feuil-les d'If.*
281 Genévrier recourbé, II 169
282 — cupressoï-des, I. 69, II. . . . 179
282 Genévriers cupressoï-des, II 179
280 Genévriers oxydèdres,

I II 69, 156
281 Genévriers sabines, I, 69
II. 166
282 *Genévrier sacré.*
282 — *squammeux.*
281 Genévrier squaruleux, II 177
283 *Genévrier tétragone.* .
281 Genévrier touffu, II . 174
279 — uvifère, II. 142
251 — vieillissant, II. 169
280 Genévrier vulgaire, II 157
Genièvre, II 159
273 Gigantabies, I. 23, 67. II, 1, 142
273 Gigantabies de Wel-lington, II 56
273 Gigantabies Taxifolia, II 46
273 Gigantabies Welling-toniana, II. 56
Gin, II 159
Gink-Go, II 193
284 Gink-Go Biloba, II . . 216
Gin-Ki-Go, II 193
274 Glyptostrobe, II. 69, 84, 115
274 Glyptostrobe hétéro-phylle, II. 84
274 Glyptostrobus pendul. 1, 85
274 — Sinensis, II. 85
288 Gnétacées, I 65, 70
288 Gnetum, I 70
268 Gojo-no-matsu I . . . 287
268 Go-sjo-sju, I. 287
Goudron, II 245
Goutte de Nectar, I. . 142
Graines de genièvre, II 159
202 Grand Cèdre, I. . . . 174
281 Grand Genévrier, II . 177
268 Grand Pin du Népaul, I. 296
Gymnosperme, I . . 12, 61
261 Hacmack, I. 161
261 Hacmatack, I. 161
Haidingeras, I 13
262 Haut Cèdre, I. 174
Haute tige, (plantations à) 35
258 Hemlock-spruce, I . . 113
259 — — à feuil-les d'If, II. 123

259 Hemlock - Spruce, de Mertens, ı 121
278 Hibu, ı. 131
260 Hinoki, ıı 111, 112
283 Hypogée (germination), ıı. 6
283 If, ı. 28, 69, ıı. 189, 192, 192, 193. 195
283 If à baies, ıı 197
283 Il à branches pendantes, ıı 203
283 If à feuilles piquantes.
283 If à rameaux dressés, ıı. 203
283 If à rameaux pressés, ıı. 203
283 If commun, ıı 197
283 If commun à branches recourbées, ıı . . . 203
283 If commun à fruit jaune, ıı 203
283 If commun argenté, ıı. 203
283 — de Dovaston, ıı. 203
283 If commun nain, ıı. . 203
283 — panaché, ıı 203
283 If de Harrington, ıı. . 211
283 If de Lambert (sapin), ıı 106
283 If d'Amérique.
283 If de Boursier.
283 If de Lindley.
284 If de Montagne, ıı . . 206
283 If de Wallich.
283 If d'Irlande, ıı 203
283 If du Canada.
283 If du Mexique.
If fastigié, ıı 203
283 If mineur.
283 If procumbant.
283 If pyramidal, ıı 203
283 If. Sphérique.
267 Insigne-Pin. ı. 263
267 Insigne-Pin à gros fruits
267 — Radié.
284 Inu-Kaja, ıı. 211
Jo-bi-Sjo, ı 142
280 Junipérinées, ı, 68, 69, 70
— ıı. . . 153
280 Juniperus, ıı 156
281 — Canescens, ıı 169
282 — Cernua, ıı, . 186

282 Juniperus Davurica, ıı. 184
281 — Densa, ıı. . 171
281 — Excelsa, ıı. 177
282 — Foemina, ıı. 186
281 — Jucurva, ıı. 169
282 — Mascula, ıı. 185
282 — Myosuros, ıı. 184
281 — Recurva, ıı. 169
281 — Repanda, ıı. 169
281 — Sabina Foemina, ıı 168
281 Juniperus Sabina Humilis, ıı 168
281 Juniperus Sabina Horizontalis, ıı 168
281 Juniperus Sabina Mascula, ıı 168
281 Juniperus Sabina Nana, ıı 168
281 Juniperus Sabina Prostrata, ıı 168
281 Juniperus Sabina Tamariscifolia, ıı. . . . 168
281 Juniperus Sabina Variegata, ıı. 171
281 Juniperus Sabina Vulgaris, ıı. 167
282 Juniperus Struthiaca, ıı, 185
281 — Virginiana Dumosa ıı 175
281 Juniperus Virginiana Cinerescens, ıı . . . 175
281 Juniperus Virginiana Glauca, ıı, ... 175
281 Junip. Virg. Humilis, ıı . . . 176
281 — Pyramidalis, ıı.
281 Junip. Virg. Variegata Argentea, ıı, ... 175
284 Junip. Virg. Variegata Aurea, ıı, ... 175
264 Kara-Maas-Nomi, ı . . 167
262 Kara-Matz-Kui, ı . . . 164
278 Kawa-Ha, ıı, ... 140
278 Kawa-Ka, ıı 140
251 Keteleeria-Fortunei, .
267 Kien-Sung-Mu, ı . . . 275
272 Ko-jo-San, ıı 32
256 Koukounaria, ı. . . . 85
Labour plein; ı, . . . 30
264 Larix, ı 146

TABLE 293

261 Larix Americana, I. . 161
261 *Larix Amer. Brevifolia*
261 Lar. Amer. Pendula, I. 163
261 *Larix Amer. Prolifera.*
261 Larix Decidua, I. . . 160
261 — Europæa, I. . . 160
261 — Excelsa, I. . . . 160
261 — Fraseri, I. . . . 161
261 — Intermedia, I. . 161
262 — Jap. Leptolepis, I, 166
262 — Macrocarpa, I, 166
262 — Microcarpa, I. . 164
262 — Nepalensis, I.. . 163
262 — Nodosa, I. . . . 161
262 — Nummularia, . . 164
261 — Pyramidalis, I,. 160
61 — Tenuifolia, I.. . 161
Larme de miel, I. . . 142
Laurier du Japon, II, . 226
— Porte-Chatons, II. 225
Libocèdre, I, ... 68
— II, 70, 136, 137
277 — Craigiana, II, 124
277 — Décurrent, II, 124
278 — de Don, (Do-
niana), II. . . . 140
278 Libocèdre du Chili, II. 139
278 Liboc. Chil. Viridis ou
Excelsa, II. 140
278 Licocèdre en Doloire, II. 121
277 — Gigantesque, II. 124
278 — Tétragone, II, . 142
259 Lime-Tsuga,
272 Liu-Kiu-Momi, ... 32
286 Maki, II, ... 225
286 Mokoya, II.. 225
Manne, I 152
Marais des Cyprès, II, 75
264 Mélèze, I. 23-24, 67, 71, 146
— II, ... 191
Mélèze, (Gemmage
du), II 246
261 Mélèze Aimable, I . . 167
261 — commun, I . . 160
261 — — blanc
I. 160
261 Mél. com. d'Altaï, I. . 160
261 — — compacte, . 160
262 — — d'Arkangel, I. 160
262 — — de Dahurie, I. 160
262 — — de Ledebour, I. 160
262 — — de Rossi, I.. 160

262 Mel. com. de Sibérie, I, 160
262 — — du Kamtchat-
ka, I. 160
262 Mél. com. Rampant, I. 160
262 — — rouge, I. . . 160
261 — d'Amérique, I. . . 161
261 — de Chine, I. . . . 167
261 — d'Europe, I. . . . 160
262 — de Griffith, I : . . 163
261 — de Kœmpfer I . . 167
262 — de Sikkim, I . . . 163
261 — du Canada, . . . 161
262 — du Japon, I 164
262 — du Népaul, I . . . 163
— à feuilles persis-
tantes, I. 170
Micado, II 112
Microchachrys II, 42, 191
273 — ' Tetra-
gona, II *a dnot.* . . 42
Mine de plomb, II. . . 174
278 Moco-Pico, II. 140
Monocotylédones, I 58, 61
Mono-di-poly-cotilé-
dones, I. 60
Monoïques (fleurs), . I 73
— II 2
Monosperm eé cailles),
II, ... 3
Monospermes (fruits), II, 194
Monothèques anthères)
II. 3
Morinda, I, . i 23
Motte (plantat on en) I, 36, 51
287 Nageia, II. 225
287 Nagis, II.. 225
Nerf, II. 242
Nettoiement (coupe de) I, 7
Nœggérathiées, I,. . . 42
Nomenclature des ar-
bres verts, I . . . 9, 65
Nomenclature générale
(bases de la), I, . . 59
Octovalves, II 137
272 Olanda-Momi, II.. . . 32
Oliban, II. 184
256 Ordre I er. — *Abélinées,*
I 66, 71
270 Ordre II e. Araucariées-
Cunninghamiées, I 67, II 1
273 Ordre III e. Cupressinées
I. 67, II 1 69

300 TABLE

283 Ordre IV°. Les Taxa-
cées, I. 69, II 189
288 Ordre V. Gnétacées, I. 70
Ornementation des
parcs, jardins, etc., I. 11, 20
et suivants.
Ourle, II 242
Ovaires, I 61
Ovules, I 61
Oxycèdre, II 154
257 Oyamel (sapin), I . . 101
279 Pachylepis, II. 149
Paillis, I 28, 52
Palma Christi, I . . . 153
Palla Blanco, I . . . 308
Paniers (culture en) I, 28, 50
Pâte au soleil, II . . . 244
Pâtes de térébenthine,
II 244
Pectinées (feuilles), I. 76, 91
267 Pei-Go-Sung, I 275
Peltées (écailles), II . 73
Pépinières, I 43
Périnne Vierge, II . . 243
259 Pesse, I. 125, II . . . 191
260 — Blanche, I . . . 133
260 — Glauque, I . . . 133
260 — Large, I 133
260 — Marianne, I. . . 136
260 — Tétragone, I . . 133
Phanérogames, I . . . 59, 61
285 Phylloclade, I 69
— II. 189, 192, 220
285 Phyllocladus alpina.
285 — Asplenifolia.
285 — Billiardieri.
285 — Cunninghami
285 — Glauca.
285 — Hypophylla.
285 — Rhumboïdalis
285 — Serratifolia.
285 — Trichomanoï-
des.
Phyllodes, II 221
259 Picea, I 124
256
260 Picea Alba 133
260 — — Cærulea, I. 135
259 — Excelsa, I. . . . 125
259 — Major Prima.
260 — Nigra, I 136
260 — Smithiana, I. . . 140

260 Picéa Spinulosa, I . . 140
259 — Vulgaris, I. . . 125
260 — Vulg. Attenuata.
260 — — Aurea.
260 — — Candelabrum
260 — — Columnaris.
260 — — Concinna.
260 — — Densa.
260 — — Eremita.
260 — — Finedonensis.
260 — — Fructu Rubro.
260 — — Gregoriana.
260 — — Inflexa.
260 — — Integrisquamis.
260 — — Intermedia.
260 — — Inverta.
260 — — Macrophylla.
260 — — Mutabilis.
260 — — Pendula, I. 132
260 — — Phylicoïde.
260 — — Procumbens.
260 — — Pygmæa Fru-
ticosa.
260 P. V. Pygm. Minima.
260 — Minuta.
260 — Parvula.
260 — Pumila.
260 — Pyramidalis
260 — Siberica.
260 — Tabulæformis.
260 — Tenuifolia.
260 — Variégata.
260 — Viminalis.
Pignados, I 219
263 Pin, I . . . . . 190, II 191
267 Pin à aubier.
266 — à balais, I 265
267 — à blanche écorce, I 275
270 — à cônes ovoïdes.
266 — à courtes feuilles.
263 — à crochets, I. . . 208
258 — à feuilles d'if, I. . 116
269 — à feuilles lisses.
268 — à feuilles pen-
dantes, I 296
267 Pin a goudron . . . .
266 — à graine osseuse.
267 — à gros fruits, I. . 260
267 — à l'encens.
267 — à longues feuilles, I 268
268 — à pignons de Si-
bérie, I 287

TABLE 301

265	**Pin** *à pointes.*	
268	— *à queue de renard*	
264	— à trochets, I . . .	224
266	— aggloméré, I . . .	256
269	**Pin** *d'Apulco.*	
266	— Austral, I	265
268	— Ayacahuite, I . . .	302
269	— *Ayacahuite à gros fruits.*	
269	— *Ayacahuite coloré.*	
265	— Blanc, I	247
266	— Blanc de Calabre I	256
263	— Bon, I	242
268	— Cembro. I . . .	280
267	— Cemb, Dressé, I .	287
268	— Cembro Nain, I . .	287
263	— Chétif, I	23-211
267	— Chinois de Bunge, I	275
266	— *Comestible.*	
264	— Commun, I . . .	196
265	— *Contourné.*	
263	— Crin, I	211
267	— Crochu, I	260
263	— Cultivé, I	242
279	— Cupressoïde, II . .	142
265	— d'Abarie, I	255
264	— d'Aberdeen, I . . .	225
265	— d'Alep, I	247
	— d'Alep (résinage du) II.	245
265	— d'Alep majeur, I .	252
264	— d'Allemagne, I . .	196
269	— d'Amérique, I . . .	289
266	— d'Arabie, I	255
271	— d'Araucanie, II . .	7
264	— d'Australie I . . .	215
233	— d'Autriche I . . .	23
264	— d'Écosse, I	196
265	— d'Espagne, I . . .	252
265	— *d'Evêque.*	
264	— d'Hamilton, I . . .	225
263	— d'Hudson, I	214
263	— d'Italie, I	242
263	— d'Italie à coque tendre, I	244
263	— *d'Italie, de Madère*	
263	— d'Italie, de Tarente	244
263	— d'Italie, Fragile, I	224
263	— de Banks, I	214
267	— *de Ben ham.*	
264	— de Bordeaux, I . .	215
265	— *de Boursier.*	
265	Pin de Briançon, I . .	205
266	— *de Cavendish.* . .	
264	— de Champagne, I .	196
264	— de Chine, I	215
266	— de Colchide, I . .	255
264	— de Corte, I	225
268	— *de Corée.*	
267	— de Coulter, I . . .	260
272	— de Cowrie, II . . .	28
270	— *de Cuba.*	
263	— de Crète	242
264	— de Darmstadt, I . .	196
268	— de Dickson, I . .	296
269	— *de Don Pèdre* . .	
265	— de Fenzli, I . . .	252
265	— *de Finlayson.*	
263	— *de Fisher.*	
267	— *de Fraser.*	
266	— *de Frémont.*	
264	— de Genève, I . . .	196
267	— *de Gérard.*	
264	— de Haguenau I . .	196
269	— de Hartweg, I . .	308
265	— de Heldreich I . .	252
267	— *de Jeffrey.*	
265	— de Jérusalem, I . .	247
272	— de Kauri, II . . .	28
266	— de Khasiya.	
265	— de l'Ardèche, I . .	206
261	— de Kœmpfer, I . .	167
271	— de l'île de Norfolk II	19
264	— de la Nouvelle-Zélande, I	215
264	— de la Romagne I .	241
264	— de la Table, I . . .	213
269	— de Lambert, I . . .	304
264	— de Lemoine, I . . .	225
266	— *de Llave.*	
267	— *de Loddiges.*	
265	— *de Loiseleur.*	
170	— *de Lord Russel.*	
269	— de Lord Weymouth, I	289
269	— *de Loudon.*	
265	— *de Mac-Intosh.*	
268	— *de Mandschourie.*	
264	— de Masson, I . . .	225
265	— de Mâture, I . . .	203
265	— *de Merkus.*	
263	— de Montagne, I . .	210
267	— de Monterey, I . .	260

270 *Pin de Montézuma.*
265 — de Montpellier, I . 252
265 — *de Murray.*
264 — de Pallas, I . . . 241
269 — de Papeleu, I. . . 308
265 — de Parolini, I. . . 252
266 — de Perse, I . . . 255
263 — de pierre, I . . . 242
266 — de Pithus, I . . . 255
264 — de Poiret, I . . . 226
266 — des Abbruzes, I. 256
267 — des Canaries, I. . 271
264 — des Cévennes, I. 252
265 — des Hautes-Al-
          pes, I. . . . 206
264 — des Landes, I . . 215
266 — des Marais, I. . . 265
263 — des Roches, I . . 214
265 — de Riga, I. . . . 203
265 — de Russie, I . . . 203
267 — de Sabine, I. . . 258
267 — de Sainclair, I. . 260
264 — de Ste-Hélène, I. 215
265 — de Salzmann, I.. 252
267 — des Neuf-Dra-
          gons, I. . . . 275
265 — des Pyrénées, I.. 252
269 — de Standish, I. . 308
272 — de Sumatra, II. . 26
266 — de Syrie, I. . . . 255
268 — de Tablas, I. . . 304
265 — de Tarare, I. . . 206
264 — de Tauride, I . . 241
269 — *de Veitch.*
269 — de Virginie, I.... 289
269 — *de Vislizenus.*
264 — Densiflore, I. . . 225
271 — Dioïque, II. . . . 16
263 — Divariqué, I. . . 214
263 — Domestique, I. . 242
266 — *Doux.*
266 — du Caire (Carica), I. 255
269 — du Canada, I. . . 289
270 — *du duc de Bedfort.*
269 — *du duc de Devonshire*
264 — du Japon, I . . . 215
264 — du Mans, I. . . . 224
265 — du Nord, I. . . . 203
269 — *du Popocatepetl.*
264 — du Taurus, I. . . 241
268 — Elevé, I 296
269 — *Faux-Ayacahuite.*

266 *Pin Faux-Aembro.*
259 — *Faux-Strobe.*
266 — *Fertile.*
269 — *Filifolié.*
263 — Franc, I. 242
267 — *Hérissé.*
264 — Horizontal, I. . . 196
263 — *Humble.*
266 — Jaune (Mitis).
269 — Jaune (Strobus).
264 — Laricio, I 226
264 — Laricio d'Autri-
          che, I. 232
264 — Laricio de Cala-
          bre, I. 232
264 — Laricio de Corse, I. 226
264 — Laricio de Cara-
          manie, I. . . . 241
264 — L. de Hongrie, I. 232
264 — Laricio Dressé, I. 232
     — *Lâche.*
269 — *Leiophylle.*
267 — *Lourd.*
270 — Macrophylle.
264 — Majeur, I 224
264 — Maritime, I . . . 215
261 — *Mélèze.*
264 — Mineur, I 224
268 — Monophylle (Cemb.)
          I. 287
266 — *Monophylle (Frem.)*
299 — *Montícole.*
263 — Mugho, I, 23, 211.
265 — Nazaron, I. . . . 252
263 — Nain, I. 212
264 — Noir, I. 232
264 — Noir d'Autriche, I. 232
263 — *Oblique.*
270 — *Occidental.*
270 — *Oocarpé.*
263 — Parasol, I 242
268 — Parviflore, I. . . 287
263 — *Pauvre.*
268 — Peucé, I. 300
264 — Pinastre, II. . . . 215
264 — Pinceau, I. . . . 224
263 — Pinier, I. 242
264 — Piquant, I. . . . 243
268 — Pleureur, I. . . . 296
263 — *Pumilio Rond.*
263 — *Pyramidal.*
267 — *Raide.*

TABLE 303

265 Pin Rouge, I. . . . 203
265 — Rouge du Canada.
270 — Rude.
263 — Ruthène.
263 — Sapin.
269 — Strobe, 1, 23. . . . 289
269 — Strobe argenté.
269 — Strobiforme.
264 Pin Sylvestre, I . . . 193
— Sylvestre (rési-
nage du), II . . 245
268 — Tardif.
267 — Téocote, I 269
264 — Tortueux, I . . . 196
268 — Tuberculé.
263 — Variable.
268 — Weymouth du
Mexique, I . . . 302
Pinacées, II 44.72
Pinadas, I 249
Pine Barrens, I 265
263 Pinées.
Pineraies, 1 249
265 Pino Obispo.
Pinos Santos, I 273
263 Pins à 2 feuilles, I.
67, 190, 193
265 Pins à 2 et 3 feuilles,
I, 67, 190, 247
— à 3 feuilles, I, 67, 190, 258
268 — à 5 feuilles, I, 67, 190
280
— Dadoxylons, I . . 12
270 — DE ROEZL.
— Sylvestres, I . . . 42
263 — suffin, I 211
263 — Suffis, I 211
263 Pinus, I. 66, 67, 190.
265 — Abasica, I . . . 255
265 — Abchasica, I . . 255
259 — Abies, I 125
267 — Adunca, I . . . 260
268 — Pinus Alopecu-
roïdea.
265 — Altaica.
265 — Altaica Padufia
265 — — Uralensis
265 — Argentea.
265 — — Horizon-
talis.
265 — — Interme-
dia.

265 Pinus argentea Tortuosa
267 — Aucklandii.
266 — Bruttia, I.
266 — Carica, I . . . 255
268 — Cembra Nana, I 287
268 — — Pumi -
la, I . . 287
268 — — Pyg -
mœa, I 287
268 — — Siberi -
ca. I . . 287
266 — Cembroïdes.
267 — Chilgosa.
268 — Chylla, I 296
265 — Compressa.
266 — Conglomerata, I 256
264 — Densiflora, I, 164,225
263 — Echinata.
266 — Edulis.
268 — Excelsa Nepa-
lensis, I . . . 296
265 — Fartigiata.
267 — Fax, I 269
— Flexilis.
266 — Georgica, I . . 265
265 — Guenensis.
265 — Halepensis, I . . 247
— Hamata.
267 — Insignis, I . . . 263
272 — Lanceolata, II . 32
264 Pinus Laricio Bujotii.
264 — Contorta.
264 — Montrosa.
264 — Pendula.
264 — Pygmœa.
264 — Pyramidata
264 — Variegata
266 Pinus Lutea, I 267
267 — Macrocarpa, I . . 260
263 — Magellensis.
266 — Microphylla.
266 — Mitis.
263 — Mughus, I . . . 211
265 — Muricata.
266 — Monophylla.
265 — Nana.
267 — Neosa.
266 — Osteosperma.
266 — Palmiensis, I . . 26
266 — Palmieri, I . . . 265
266 — Palustris, I . . . 265
266 — Palustris Ex-

celsa, I . . . 267

Pinus Penicillus, I. . 254
      ad not. 272

— Pseudohalepen-
sis, I. . . . 252

263 — Pumilio, I. . . 212
264 — *Pungens* I . . . 213
265 — *Résineux d'Al-*
fort .
263 — *Rostrata.*
263 — *Rubræflora*
263 — *Sanguinea* .
263 — Sativa, I. . . . 242
265 — *Saxatilis.*
264 — Scotica 196
268 — Serotina.
265 — Spiralis ..
269 — Strobus, I. . . 289
269 — — *Aurea.*
269 — — *Nana.*
269 — — *Nana Bre-*
vifolia.
269 — — *Nana Com-*
pressa.
269 — — *Nivea.*
269 — — *Nivea alba.*
269 — — *Nivea Ar-*
gentea.
268 — — *Tabulæ-*
formis.
269 — — *Umbracu-*
lifera.
269 — — *Viridis.*
269 — *Tæda.*
263 — *Uliginosa.*
263 — Umbraculifera I 242
263 — Uncinata, I. . . 208
265 — *Varigata.*
266 *Pitche-Pine* .
Pivot (racine en), I. . 80
Plantations(époque des)28 56
— en échiquier, I. 38-34
— par places, I. 30-34
— par potets, I. 30-34
— par trous, I . .30-34
Plantoir Buttlar, I . . 27-40
277 Platyclade à rameaux
dressés, II . . 118
278 — en doloire, II. 131
Plombagène, II 174
Podocarpe, I. 70, II. . 223
285 — à Bractées, II 228

286 Podocarpe(Stach)à feuilles d'if, II. . . 232
272 — à feuilles de
Zamia, II. . . 28
287 — (Nag.) à feuil-
les pointues,
II 226
285 — à grandes
feuilles, II . . 225
287 Podocarpe (Nag.) à
grandes feuilles, II. 227
ad not.
287 Podoc. (Nag) à larges
feuilles, II 227
ad not.
286 Podoc. Allongé, II . 230
285 — Alpina, II . 230
— Amara, II . 228
285 — Antartique,II 230
285 — Coriace, II . 232
266 — (Dacr.) Cu-
prespinné, II . . 224
285 Podoc. Curvifolié, II 230
286 — (Stach.) Da-
cridioïde, II . . . 224
285 Podoc. d'Endlicher,
II. 228
230 — de Bidwel, II 230
287 — (Nag.) de
Blume, II, *ad not.* . 227
285 Podoc. du Chili, II. 231
285 — de Chine, II 226
285 — de Corée, II 227
286 — (Dacr.) de
Horsfield, II. . . . 224
285 — de Lambert,
II. 232
285 — de Lawrence,
II. 230
286 — de Meyer, II 230
286 — de Purdie,
II 232
286 — de Rumphius
II. 229
286 — (Stach.) des
Andes, II 231
285 Podoc. Discolore, II 229
285 — Drupacé, II. 210
286 — du Japon, II 225
284 — Elata, II . . 230
287 — (Dacr.)Elevé
(Excelsa), II. . . . 224

285 Podocarpe Ensifolié, II. 230
286 — (Stach.) Epi-
neux, II 229
286 Podocarpe (Stach.) Falqué, II 236
286 Podocarpe (Stach). Ferrugineux, II. . . . 220
286 Podocarpe (Dacr.) Im-
briqué, II. 224
285 Podocarpe Lœta, II . . 230
285 — L e p t o s t a-
chya, II 229
285 Podocarpe Macrophylle, II 225
287 — Nagi, II . . 226
286 — Neglecta, II. 228
286 — Nereifolié, II 228
286 — Nivalis, II . 228
286 — Nubiganœ; II 231
286 — Polistachia ,
II. 228
286 — Polistachia,
II. 228
284 — Porte-noix, II 205
286 — Rigida, II. . 232
286 — de Sellow, II 232
286 — Spinulosa, II 230
286 — Thevetiœfo-
lia, II. . . 229
286 — d e Thum-
berg, II. . . 230
287 — (D a c r .)
Thuyoïde, II. . . . 224
286 Podocarpe Totarra, II . 229
285 Podocarpées, I . 65, 69, 70
II. . . . 190, 192, 221
285 Podocarpus, II . . 190, 223
285 — II 223
285 — Bracteata
Breripes, II. . . . 228
Pollen, II. 3
Ad notam.
Policotylédones, I . 60, 61
Polygames (fleurs), II. 2
Polymorphes (feuil-
les), II 71
Poix de Bourgogne, II 247
Poix grasse, II. . . . 247
Poix jaune, I 128
Pots (culture en), I. . 28-49
Préparatoire (Es -
sence), II. 158
Produits divers, II . . 11-19

Propagation des rési-
neux, I. 27
286 Prumnopitys Elegans.
Psaronius, I 12
282 Pseudo-Sabina, II . . 183
269 Pseudostrobus, I . 308, 310
258 Pseudotsuga de Douglas
Ptérophylle, II . . . 214
Quarre, II 241
Quarre haute 243
Quartovalves II. . . 137
Radicule. I 60
278 Ra Kan Hac, II. . . 131
Rak-Jo-Sjo, I. . . . 164
272 Raxopitys, II. . . . 131
272 Raxopitys Cunningha-
mi, II. 32
Rayons médullaires, I 64
Raze Arcanson, II. . . 244
Reboisements, I . 11 16-17
Récolte de résine en
Amérique (Récit
d'une), II. 249
Réensemencement na-
turel, I. 1-9
Régénération (coupes
de), I 9
Régénération natu-
relle, I. 8
Repeuplements fores-
tiers, I 27-28
Repiquement, I . . . 28-45
Résinage, II. 241
Résine d'huile, II . . 244
Résine du Damma-
ra, II. 25
Résine jaune, II. . . 245
Résine molle, II. . . 243
Résineux, I. 59-62
276 Rétinispores, I . . . 111
278 Rétinispore à feuilles
de bruyères, II. . . 114
276 Rétinisphore à feuilles
de Lycopode, II . . 114
277 Retinisp.: Argenta.
277 — Aurea.
277 — Nona.
277 — Pygmœa.
277 Rétinispore Obtus, II. 111
277 Retinispore Pisifère ,
II 113
277 Retinispore , porte-

pois, II 113
277 Rétinispore　Squar-
reux, II 114
Ricin, I. 153
Rigoles (repiquement
en), I. 45
Roi des pins, I . . . 299
284 Sabine Arborescente,II 167
281 — Commune, II . 167
281 — Cupressifoliée,II 167
281 — Dressée, II . . 167
281 — Fétide. 167
281 — Multicaule, II . 167
Sabines II 154
256 Sagu-Moni I 106
Saillantes (bractées), . 98
284 Salisburia I. . . . 63, 69
— II . . . 189, 192
— — et suiv. 214
284 — Adiantifolia II. 216
284 — à Feuilles de
capillaire II. 216
284 — Laciniata II. . 220
284 — Macrophylla II. 220
284 — Pendula II . . 220
284 — Variegata II. . 220
272 San Shu II 32
256 Sapin I . . .23, 42, 74, 75
II 191
— (résinage du) II. 248
256 — à bractées I. . 92
257 — à cônes pour-
pres I. . . . 107
262 — à Deniers d'or I. 164
466
256 — à Feuilles d'if
I. 76
257 — à Rameaux ve-
lus I, . . . 101
256 — Argenté I, . . 76
258 Sapin aromatique
256 Sapin Baumier de Gi-
lead I. 98
256 — Baumier dou-
ble I. . . . 98
256 — Bifide I. . . . 106
256 — Blanc I. . . . 76
256 — Blanchissant I. 88
259 — Cendré I . . . 125
259 — de Norwége I. 125
259 — du Nord I . . 125
259 — Gentil I. . . . 125

259 Sapin Rouge I. . . . 125
256 — Commun I. 74, 76
257 Sapin Commun à che-
veux d'or. .
257 — C. Brévifolié.
257 — C. dressé. . .
257 — C. élégant. . .
257 — C. nain I. . . 80-81
257 — C. panaché. .
257 Sapin C. pleureur I. 80-81
— C.Pyramidal. I 80-81
257 Sapin C. ténuifolié.
257 — C. tortueux I. 80-81
257 — Concolore I. . . 90
260 — Curvifolié I. . 133
257 — d'Apollon I. . . 85
271 — d'Araucos II. . 2
271 — Columbar II. . 2
256 — d'Arcadie I. . . 85
258 Sapin de Californie. .
256 Sapin de Céphalonie I. 85
256 — de Chiloë I. . . 106
257 — de Chilrou I. . 106
256 — de Cilicie I. . . 88
— de Circassie I. 103
258 — de Douglas I. 116
258 Sapin de Finhonnoski.
258 — de Fortuné.
257 Sapin de Fraser I . . 98
257 — F. azuré.
257 — d'Hudson.
257 — glauque.
257 — nain.
258 Sapin de Gordon . . .
256 Sapin d'Herbert I. . . 106
258 Sapin de Iézo. . . . .
264 Sapin de Kœmpfer I. . 167
256 — de la reine
Amélie I. . . 87
260 — de l'Himalaya I 140
272 — de Lin-Kin II. 32
256 — de Lorraine I. 76
257 Sapin de Low. . . . .
256 Sapin de Luscombe I. 85
257 — de Nordmann I. 103
257 S. de N. à courtes feuilles.
257 S. N. réfracté.
257 S. N. robuste.
256 Sapin de Normandie I. 76
258 Sapin de Numidie.
258 — de Parson.

256 Sapin de Pindrow I. . 196
258 — de Sibérie.
272 — des Bataves II. 32
257 — d'Espagne I. . 81
256 — des Vosges I. 76
272 — de Sumatra II. 26
260 — de Thumberg
I. 140
258 *Sapin de Tschonoski.* .
258 — *de Veitch.*
256 — *de Virginie.*
257 Sapin de Webb I. . . 106
258 — du Canada I.. 113
256 — du Jura I . . 76
260 — du Maryland I. 136
— du Mont Enos I. 85
253 — du Parnasse I. 85
256 — du Péloponése
I. 87
— en queue de
tigre I. . . 142
258 — épais I. . . . 106
257 — falqué I. . . 90
257 — gracieux I . . 103
257 — grandissime I. 90
258 *S. grandiss. de Vancou-*
ver.
259 Sapin hétérophylle I. 123
256 — Homolepis I. . 106
257 — lasiocarpé I. . 90
256 (257) — leïoclade I. . 88
257 *Sapin leptoclade.*
261 — *mélèze .*
277 Sapin microphylle II. 127
256 — mineur, I . . . 98
257 — noble, I . . . 95
257 — — *Glauque .*
257 — — *Robuste .*
256 — *Naphte.*
260 — Noir, I. 136
258 — Oblique, I . . . 116
256 — Panachaïque, I. 87
256 — Pencoïde , I . . 106
257 — Pinsapo, I . . . 81
257 — *Pins. de Babor.*
— propr. dit, I. . 66
258 — Remarquable, I 106
257 — Sacré, I 101
257 — — *de Lindley*
257 — — *Glaucescent*
258 — Tinctorial, I. . 106
259 — Trigone, I . . . 121

257 Sapin *vulg. Columnai-*
re.
260 Sapinette Blanche, I . 133
Sapinette Bl. Echini-
forme .
260 — Fastigiée.
260 — Intermédiaire ou
Hybride.
260 — Naine Prostrata.
260 — Pendante.
260 Sapinette Bleue, I . . 135
260 — Noire, I . . 136
260 Sap. N. *de Doumet.* .
260 — Glauque, I . 138
260 — Naine, I. . . 139
260 — Fartigiée, I . 139
261 *Sapinette Rouge.*
256 Sapiniées.
Sarclage, I 47
287 Saxo-Gothœa , I . . . 70
II . . . 190-192-235
288 — Remarquable, II 237
274 Schubertia Distique, II 75
274 — Japonica, II 85
274 — Nucifera, II 85
273 — Semperyi-
rens, II . 46
Secondaire (coupe), I . 8
Semis, I 27-29-28-45
261 Seosi, I 167
273 Sequoïa, I 67
II 1-42
273 — à Feuilles de Cy-
près, II . . 56
273 — à Feuilles d'If, II . 46
259 — de Rafinesque, I. 124
273 — Gigantea, II . . . 56
273 — *Gigantea Aureo-*
Compacta.
273 — *Glauca.*
273 — *Variegata.*
273 — Gigantesque, II . 56
273 — Sempervirens, II 46
273 — *Taxifolia.*
273 — — *Adpressa .*
273 — — *Gracilis.*
259 Serente, I 125
259 Serinto, I 125
Sexovalves, II 137
272 Skradopitys, I 67
II 1-34-191

272 Skiadopitys Verticillé,
II 35
Solitaires (feuilles), I 74, 146
287 Squamataxe, II . . 223, 235
287 — du prince Albert,
II 237
286 Stachycarpes, II . 192, 224
Strobe (arbre), I . . . 289
Strobiles, I. 62
268 *Strobus*, I 289
Surlé. II 244
Table synonimique, II 256
Tableau général de la
nomenclature, I . . 66
Taillis (le) et la futaie
I 1-4-5
Taillis résineux, II. . 55
234 Tamarack, I 161
233 Taxacées II 189
233 Taxinées, I 65, 69
II . . 189, 192, 193
273 Taxodinées, I . . 67, 68, 69
II. 73
273 Taxodium, I. 13
II. . . . 69, 74
273 Taxodium Cupressus-
Decidua, II. . . . 75
273 — Cyprès-Chauve, II 75
274 — — Fastigié, II . 84
— — Intermédre. II 84
274 *Taxodium Cyprès-Ch.*
Montant.
274 — *Microphylle.*
274 Taxod. Cyp.-Ch. Nu-
tans, II 83
274 — — Pendant, II 83
274 — — Pyramidal-
Panaché, II. 84
274 *Taxodium de Hugel.*
274 — *de Montézuma.*
273 — Distichum, II . . 63
273 — Distique, II . . . 75
— du Japon (Crypt),
II 87
274 — — (Glypt.), II. 85
274 *Taxodium du Mexique.*
273 — Giganteum, II . . 46
274 *Taxodium Mucroné.*
273 — Nutkaense, II. . 46
274 *Taxodium Penné.*
273 — Sempervirens, II 46
274 — Sinense, II . . . 85

Taxodiums I. 13
283 Taxus, II 195
283 — Adpressa, II. . . 203
283 — Erecta, II. . . . 203
283 — Fructu Luteo, II 203
283 — Hybernica Vel
Fastigiata, II. . . . 203
284 — Montana, II . . 206
283 — Pendula, II . . . 203
Tégument externe, II 111
Térébenthine de Bos-
ton, I 267
— de Strasbourg, I 78
II 248
— de Venise, I. . . 152
II 246
232 *Théda.*
277 Thuya, I 68
II 69-115-117
277 — Aigu, II. 1 8
278 — Andina, II. . . . 139
279 — Articulé, II . . . 144
277 — Biota ou de la
Chine, II. . . . 129
277 — Craigiana, II . . 118
278 — Cunéiforme, II . 139
277 — Cupressoïde, II 121-122
277 — de Californie, II.
278 — de Don, II. . . . 140
277 — de l'Hymalaya, II 121 122
277 — de Loub, II . . . 129
277 — de Menzies, II. . 129
277 — de Nuttal, II. . . 124
278 — de Sibérie, II : . 122
277 — de Tartarie. II. . 121
122
278 — de Théophraste, II 122
276 — de Tschugutskoy,
II.
277 — d'Orient, II . . . 118
277 — du Canada, I . . 23
II 122
278 — du Chili, II . . . 139
277 — du Népaul, II 121-122
276 — Elevé (Excelsa), II 109
278 — En Doloire, II . . 131
277 — Gigantesque (Gi-
gantea), II 124
277 — Gigantesque de
Lobb, II 129
277 — Gig. *Columnaris.*

277 Thuya Gig. Glauca ou Craigiana, II 128
277 — Gigantea Magnifica, II 127
279 — Inégal. II 144
277 — Obtus, II 122
277 — Occidental, II. . 122
278 — — Argentea.
278 — — Nana.
278 — — Variegata.
277 — Plat, II 118
277 — Pleureur, II . . . 121
277 — Plicata, II. . . . 124
277 — Plissé, II 129
                        122
(277) — Pyramidal, II . . 121
                        122
279 — Quadrangulaire, II 151
278 — Robusta, II . . . 122
277 Thuyas . I 13
        II 117
276 — Sphéroïdal, II . . 101
278 — Tétragone, II . . 142
278 — Warreana, II . . 122
276 Thuyoïde a feuilles de bruyères, I. 23
                        II. 114
277 Thuyopsidés, I 68
        II 60. 113
278 Tuyopsis, I, 68 II, 60, 115, 130
276 — Boreal, II.
        — Cupressoï. de, II . . 109
278 — Dolabrata, I. 164
276 — de Tschugatskoy, II 109
278 — en Doloire, II 131
278 — Dolabrata. Laterirens.
278 — Dolabrata Nanu, II. 132
278 — Dolabrata Nezu, II. 132
Tigelle, I 60
268 Tinier, I. 280
259 Toga Matsu, I 119
263 Torchepin, I. 211
284 Torreya, I, 69, II, 109, 192, 204
284 Torreya à feuilles d'If, II 206
284 — de Montagne, II 206

284 Torreya Grandis, II . . 211
284 — Muscadier, II. . 208
284 — Myristica, II. . 208
284 — Nucifera, II . . 205
284 — Porte-noix, II.. 205
284 — Taxifolia, II. . 206
Torano-wo-momi, I. 142
Transplantations, I. . 28, 46. 52
Trous (plantations par), I. 27, 37, 50
258 Tsuga, I. . . . 66, 71, 112
258 Tsuga Buissoneux, I. . 119
258 Tsuga de Brown, . . . 119
258 — Brunoniana, I. . 119
258 — Caduc, I 119
258 — Cédroïde, I. . . 119
258 — d'Amérique, I. . 113
259 — de Californie, I. 121
258 — de Douglas, I. . 116
259 — de Doug. à courtes bractées.
259 — de Doug. à feuilles éparses.
259 — et Doug. Buissoneux.
259 — Doug. de Drammond.
259 — — de Standish.
259 — — Dressé.
259 — — du Mexique.
259 — — Fastigié.
259 — — Pectiné.
259 — — Taxifolié.
259 — de Hooker, I. . 121
259 — de Lindley.
259 — de Mertens, I. . 123
259 — de Patton, I . 121
259 — de Siebold, I.. . 119
259 — Sieb. Nain.
259 — de Vaucouver, I. 119
259 — de Willamson, I. 121
258 — du Canada, I. . 113
259 — Gracilis.
259 — Hétérophylle, I. 123
258 — Mucroné des Marais. I 119
258 — Mucronata Palustris, I. . . 119
259 — Trigone, I . . . 121
Uguroo, II. 169
Valves, II 136
Verticelles, I 72
Voltzias, I. 13
Walchias, I 12

273 Washingtonia Gigan-
     tea, II.   56
     Wax Dammar, II . . .   228
275 Weeping-Thuya, II. . .   97
273 Wellingtonia Gigantea II   56
279 Widdringtonia, I 69, II,
         70, 115, 137, 149
279 Widdr. Cupressoïde, II.   151
279   —   de Commerson, II   151

279 Wddringtonia de Wal-
       lich, II..   279
279   —   Ericoïde, II . .   114
279   —   Junipéroïde, II..   150
275   —   Natalensis, II..   151
278 Yate, II   140
266 *Yellow-Pine*.
266 *Red-Pine*.
282 *Zeheddi*.

FIN DE LA TABLE ALPHABÉTIQUE.

TABLE

DES GRAVURES DU TOME SECOND.

————

1 Wellingtonia (frontispice).
2 Araucaria du Chili (Chaton mâle)................ 5
3 Colymbea.......................... 6
4 Eutacta............ 6
5 Araucaria du Chili.......... 9
6 — — (Rameau et jeune cône)....... 14
7 — — (Graine avec écaille et bractée)... 15
8 Dammara d'Orient (Rameau)............ 27
9 Dammara d'Australie (Cône et rameau)........ 30
10 Cunninghamia (Groupe de cônes sur un fragment de rameau)...................... 33
11 Skiadopitys (Graines fixées à l'écaille)....... 35
12 — Verticillé (Rameau et ombelle)....... 37
13 — — (Cône)........... 38
14 Washingtonia (Ecaille d'un cône portant ses graines).. 45
15 Sequoia Taxifolia (Cône et jeune rameau)....... 48
16 Washingtonia ou Gigantabus Cupressifolia (Jeune rameau). 63
17 — (Cône porté sur son ramule)....... 65
18 Cyprès Chauve (Rameau).......... 79
19 Cryptoméria (Rameau)........... 86
20 Cyprès Commun (Rameau)........ 94
21 — (Cône)........... 95
22 Cyprès funèbre (Rameau et strobile)........ 97
23 — du Portugal (Rameau et strobiles)....... 101
24 — Thuyoïde (Ramule)........ 105
25 Rétinispore à feuilles de bruyères (Rameau)....... 114
26 Thuya Biota (Rameau)......... 119
27 — (Cône).......... 120
28 Thuya du Canada (Cône entr'ouvert)....... 123
29 Thuyopsis en Doloire (Rameau)....... 132
30 Fitz-Roya ou Cupresstelle (Rameau)........ 134
31 Libocèdre du Chili (Rameau)........... 139

Pages

32 Libocèdre de Don (Rameau avec cônes). 141
33 Callitris Quadrivalve (Rameau avec cône fermé et ouvert). 145
34 Genévrier Commun (Rameau chargé de baies en galbules). 159
35   —   —   variété naine (Rameau). 161
36   —   Oxycèdre (Rameau avec baie). 162
37   —   Caryocèdre ou Drupacé (Rameau et drupe), . . 164
38   —   à gros fruits (Ramule ou baie) 166
39 — Sabine (Rameau). 167
40 — Recourbe (Rameau) 170
41 — —   (Baie). 170
42 — de Virginie (Rameau chargé de baies). 173
43 Grand-Genévrier (Ramule). 178
44 Genévrier de Phénicie (Rameau). 183
45   —   (Galbules) 183
46 Genévrier Flagelliforme de la Chine (Ramule et baies). . 186
47 If commun (Rameaux avec fleurs et fruits) 196
48 Torreya Taxifolia (Rameau). 207
49   —   (Fruit). 207
50 Céphalotaxe Pédonculé (Rameau). 212
51   —   Fortunei (Rameau) 213
52 Salisburia Adiantifolia (Feuille) 215
53 Gink-Go Bilobé (Rameau). 218
54   —   (Fruit). 219
55 Dacrydium de Franklin (Rameau) 234
56 Saxo-Gothœa Conspicua (Rameau). 236

CLICHY — Imp. de MAURICE LOIGNON et Cie, rue du Bac-d'Asnières, 12

J. ROTHSCHILD, Éditeur, 13, Rue des Saints-Pères, Paris.

BEAUX-ARTS — ARCHÉOLOGIE

La Colonne Trajane. — 220 planches in-folio en couleur, en phototypographie d'après le surmoulage exécuté à Rome en 1861 et 1862. Texte orné de nombreuses vignettes, par W. Frœhner (*Conservateur du Louvre*). . . . . 600 fr.

Les Musées de France. — Monuments antiques reproduits en chromolithographie, gravure sur bois, phototypographie. Texte par W. Frœhner (*Conservateur du Louvre*). — Un volume in-folio, avec 40 planches . . . . 100 fr.

Numismatique de la Terre-Sainte, par F. de Saulcy (*Membre de l'Institut*). In-4º, avec 25 pl., 60 fr.; sur pap. de Hollande. 90 fr.

La Dentelle à l'aiguille, aux fuseaux. 50 planches donnant les plus beaux types de dentelles avec texte orné de vignettes, par J. Séguin. — In-folio, 100 fr.; sur papier de Hollande. . . . 160 fr.

AGRICULTURE

Les Plantes fourragères. — Atlas in-folio, avec 60 planches accompagnées d'une légende, par V.-J. Zaccone (*Sous-intendant militaire*). — Avec fig. noires, 25 fr.; avec fig. coloriées . . . 40 fr.

Prairies et Plantes fourragères, par Ed. Vianne (*Directeur du Journal d'Agriculture progressive*). — In-8º avec 170 gr. . 8 fr.

Le Brome de Schrader, Par A. Lavallée. 4e édition. In-18 avec 2 planches sur acier . . . . 1 fr. 50

Dictionnaire vétérinaire, par L. Félizet (*Vétérinaire*). Introduction de J.-A. Barral. — In-18, relié. . . . . 2 fr. 50

La Pustule maligne. — Charbon, sang de rate, par Ch. Babault (*Docteur médecin*). — In-18, relié. . . . . 2 fr.

Législation protectrice des Animaux, par B. de Beaupré (*Docteur en droit*). 3e édition. — In-18, relié. . . . . 0 fr. 75

Les Oiseaux utiles et nuisibles aux champs, jardins, vignes, forêts, etc., par H. de la Blanchère. 2e édition. In-18, relié, avec 150 gravures . . . . 3 fr. 50

La Culture économique par l'emploi des instruments et machines, par Ed. Vianne. — In-18 avec 204 figures, relié. . . . 2 fr. 50

Enquête sur les Engrais. par MM. Dumas (*Membre de l'Institut*) et de Molon. — In-18, relié . . . . 2 fr.

J. ROTHSCHILD, Éditeur, 13, Rue des Saints-Pères, Paris.

SCIENCE — INDUSTRIE

Musée entomologique illustré. — Histoire naturelle iconographique des Insectes, publiée par une réunion d'Entomologistes français et étrangers. Tome premier : LES COLÉOPTÈRES ; classification, mœurs, chasse, collections ; Iconographie et Histoire naturelle des Coléoptères d'Europe. 1 vol. in-4° avec 48 planches en couleur et 335 vignettes . . . . 30 fr.

Grand Atlas universel. — 51 cartes en couleur, dessinées par W. HUGHES (*de la Société de Géographie de Londres*). 2° édition, avec Introduction par E. CORTAMBERT (*Bibliothécaire à la Bibliothèque nationale*). — Avec Index général, relié. . . . . 125 fr.

La Vie. — Physiologie humaine appliquée à l'hygiène et à la médecine, par le docteur LE BON. — In-8° avec 339 figures . . 15 fr.

L'Origine de la Vie, par PENNETIER, avec Introduction, par POUCHET (*Directeur du Muséum de Rouen*). — In-18, avec figures. 3 fr.

Le Médecin des Enfants, par BARTHÉLEMY (*Docteur médecin*). — In-18, relié . . . . 1 fr.

L'Allaitement maternel, par le Dʳ BROCHARD. — In-18, rel.. 1 fr.

Clinique médicale de Montpellier, par le professeur FUSTER (*Médecin en chef de l'Hôtel-Dieu Saint-Éloi*). — In-8°, cartonné. . 10 fr.

Causeries scientifiques. — Découvertes, inventions de l'année 1875, par H. DE PARVILLE (*Rédacteur du Journal officiel et du Journal des Débats*). — In-18 avec 50 figures . . . . 3 fr. 50

L'Ammoniaque. — Son emploi en industrie, par CH. TELLIER (*Ingénieur civil*). — In-8° avec figures et plans. . . . . . 12 fr.

Principes de Science absolue par J. THOMSON. — In-8° relié. 16 fr.

La Culture des Plages maritimes par H. DE LA BLANCHÈRE (*Ancien élève de l'école forestière*). — Préface de COSTE (*de l'Institut*), — In-18, 70 gravures, relié. . . . . 3 fr.

Le Monde microscopique des Eaux, par J. GIRARD. — In-18, avec 70 gravures, relié toile. . . . . 3 fr. 50

La Lithotritie et la Taille. — Guide pratique pour le traitement de la pierre, par le docteur S. CIVIALE (*Membre de l'Institut*). 2° édition, avec 50 gravures avec catalogue de calculs et d'instruments. — Relié, toile. . . . . 16 fr.

L'Aquarium d'eau douce et d'eau de mer, par J. PIZZETTA. Introduction, par A. GEOFFROY SAINT-HILAIRE (*Directeur du Jardin d'acclimatation*). — In-18 avec 220 gravures, relié. . . . . 3 fr. 50

La Pluie et le Beau Temps. Météorologie usuelle, par P. LAURENCIN. — In-18, avec 110 gravures et cartes, relié. . . . . . 3 fr. 50

www.ingramcontent.com/pod-product-compliance
Lightning Source LLC
Chambersburg PA
CBHW060410200326
41518CB00009B/1314